Duden

WISSEN >> ÜBEN >> TESTEN

Brüche und Dezimalzahlen

2., aktualisierte Auflage

5.–7. Klasse

Dudenverlag
Berlin

Bibliografische Information der Deutschen Nationalbibliothek
Die Deutsche Nationalbibliothek verzeichnet diese Publikation in der Deutschen Nationalbibliografie; detaillierte bibliografische Daten sind im Internet über http://dnb.d-nb.de abrufbar.

 D C B A
Bibliographisches Institut GmbH
Mecklenburgische Straße 53, 14197 Berlin

Redaktionelle Leitung Constanze Schöder
Redaktion Dr. Wiebke Salzmann
Autor Lutz Schreiner

Herstellung Maike Häßler
Layout Horst Bachmann
Illustration Carmen Strzelecki
Umschlagabbildung istock

Satz Katrin Kleinschrot, Stuttgart
Druck und Bindung Heenemann GmbH & Co. KG
Bessemerstr. 83–91, 12103 Berlin
Printed in Germany

ISBN 978-3-411-74422-0

www.duden.de

Inhaltsverzeichnis

INHALT

1 Natürliche Zahlen

1.1 Darstellung natürlicher Zahlen

Die Zahlen, die man beim Zählen benutzt, sind die **natürlichen Zahlen.** Die Menge der natürlichen Zahlen hat unendlich viele Elemente: $\mathbb{N} = \{0, 1, 2, 3, 4, 5, ...\}$
Die natürlichen Zahlen können der Größe nach geordnet werden. Diese Ordnung wird durch den **Zahlenstrahl** dargestellt.

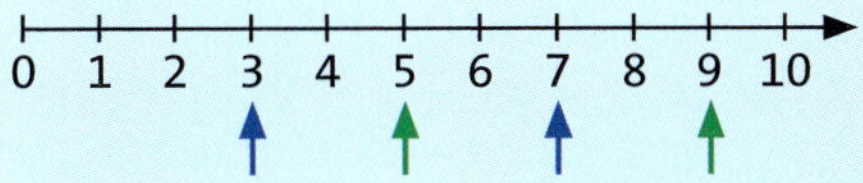

3 steht links von 7 9 steht rechts von 5
Somit gilt:
3 ist **kleiner** als 7 9 ist **größer** als 5
$3 < 7$ $9 > 5$

Die kleinste natürliche Zahl ist die Zahl 0. Sie hat also keinen Vorgänger. Alle anderen natürlichen Zahlen haben genau einen Vorgänger. Jede natürliche Zahl hat genau einen Nachfolger.

Vorgänger der natürlichen Zahl n: n – 1
Nachfolger der natürlichen Zahl n: n + 1

Beachte: Die 0 wird manchmal nicht zu den natürlichen Zahlen gezählt.

Vorgänger von 12: $12 - 1 = 11$
Nachfolger von 12: $12 + 1 = 13$

Vorgänger von 2084: $2084 - 1 = 2083$
Nachfolger von 2084: $2084 + 1 = 2085$

Große Zahlen werden im Zehner- bzw. Dezimalsystem – einem Stellenwertsystem – dargestellt.

Billionen	Milliarden	Millionen	Tausend	
H Z E	H Z E	H Z E	H Z E	H Z E
2 7	1 9 2	3 0 5	0 0 4	3 3 3

Die Darstellung mit **Zehnerpotenzen** hilft beim Lesen der Zahlen. Die Anzahl der Nullen wird als Exponent an die Zehn geschrieben.
Man liest „10 hoch 3“, „10 hoch 6“ usw.:
1 Tausend = 1 000 = 10^3
1 Million = 1 000 000 = 10^6
1 Milliarde = 1 000 000 000 = 10^9
1 Billion = 1 000 000 000 000 = 10^{12}
1 Billiarde = 1 000 000 000 000 000 = 10^{15}

Noch größere Zahlen sind: Trillion (10^{18}), Trilliarde (10^{21}), Quadrillion (10^{24}) usw.

789 406 000 000
789 Milliarden 406 Millionen
1 220 005 050 000
1 Billion 220 Milliarden 5 Millionen fünfzigtausend

Beachte: Oft schreibt man sehr große Zahlen mit Punkten oder Zwischenräumen nach je 3 Ziffern, um sie besser lesen zu können: 1 220 005 050 000 oder 1.220.005.050.000

Das menschliche Herz schlägt im Jahr 42 000 000-mal und pumpt dabei 250 000 Liter Blut durch die Adern.
Mit Zehnerpotenzen geschrieben:
$42 \cdot 10^6$ Schläge; $25 \cdot 10^4$ Liter

Die Erde ist vor $5 \cdot 10^9$ Jahren entstanden.
Ohne Potenzen geschrieben:
5 000 000 000 bzw. 5 Milliarden

ÜBUNG 1 **Bearbeite die Aufgaben in deinem Übungsheft.**

a) Welche Zahl ist Vorgänger, welche Nachfolger von 9 (12; 99; 120; 1002)?
b) Welche natürliche Zahl hat keinen Vorgänger?
c) Gib alle natürlichen Zahlen an, die kleiner als 7 sind.
d) Kann man alle natürlichen Zahlen angeben, die größer als 10 sind?

ÜBUNG 2 **Trage die gegebenen Zahlen in die Stellenwerttafel ein.**

a) 810 004 567
b) 67 777 799 006 540 000
c) 64 500 990 044
d) 3 007 700 098 700

	Billiarden			Billionen			Milliarden			Millionen			Tausender					
	H	Z	E	H	Z	E	H	Z	E	H	Z	E	H	Z	E	H	Z	E
a)																		
b)																		
c)																		
d)																		

ÜBUNG 3 **Ordne die Zahlen der Größe nach. Beginne mit der kleinsten.**

821; 8021; 1802; 1082; 8012; 1280; 812; 8011; 2028; 2208; 228

ÜBUNG 4 **Vergleiche und trage das passende Zeichen ein (< oder >).**

a) 6487 ☐ 4678
12 456 ☐ 1678
55 602 ☐ 55 620

b) 4 444 000 ☐ 404 400
123 007 880 ☐ 123 808 007
671 125 ☐ 672 001

ÜBUNG 5 **Welche Zahlen sind auf dem Zahlenstrahl durch rote Pfeile gekennzeichnet?**

a)

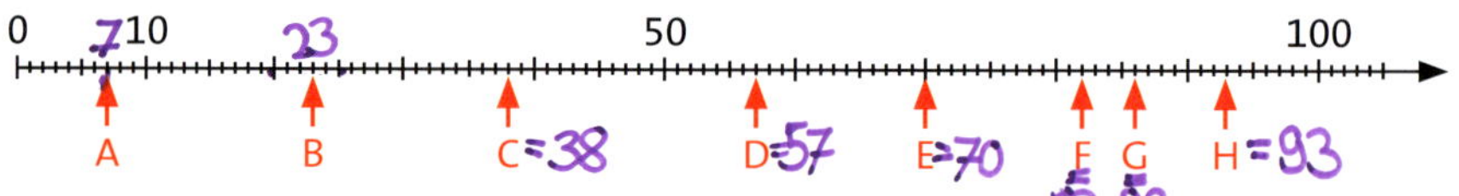

b)

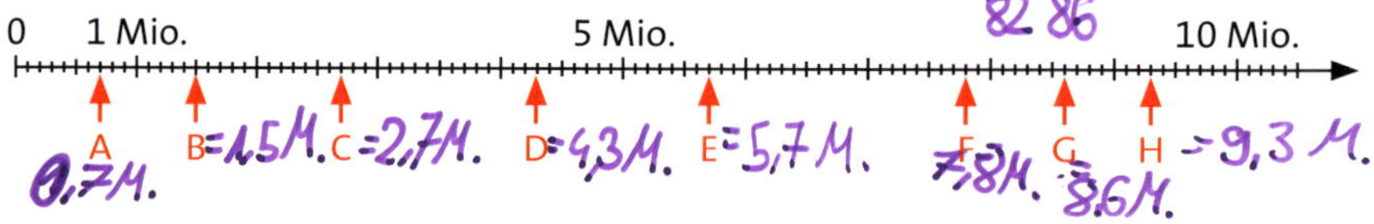

ÜBUNG 6 **Welche Zahl liegt genau in der Mitte zwischen …**

a) 200 und 500?
b) 1200 und 3500?
c) 250 000 und 650 000?

ÜBEN

1.2 Rechnen mit natürlichen Zahlen

Addieren und Subtrahieren

Addieren ist das Zusammenzählen von Zahlen: $12 + 23 = 35$, oder allgemein:
Summand + Summand = Summe
Subtrahieren ist das Abziehen von Zahlen: $125 - 49 = 76$, oder allgemein:
Minuend – Subtrahend = Differenz
Für jede natürliche Zahl ($x \in \mathbb{N}$) gilt:
$x + 0 = x$; $x - 0 = x$; $x - x = 0$
Durch die Addition oder die Subtraktion von 0 verändert sich nichts.

Die Summe und die Differenz der Zahlen 1567 und 892 sollen gebildet werden.
$1567 + 892 = 2459$
$1567 - 892 = 675$

Zahlenbeispiele für das Rechnen mit 0:

$36 + 0 = 36$	$81 - 0 = 81$	$65 - 65 = 0$
$0 + 1 = 1$	$1 - 0 = 1$	$1 - 1 = 0$
$0 + 0 = 0$	$0 - 0 = 0$	$0 - 0 = 0$

Multiplizieren und Dividieren

Multiplizieren ist das Malnehmen von Zahlen: $28 \cdot 12 = 336$, oder allgemein:
Faktor · Faktor = Produkt
Dividieren ist das Teilen von Zahlen: $364 : 7 = 52$, oder allgemein:
Dividend : Divisor = Quotient
Für jede natürliche Zahl ($x \in \mathbb{N}$) gilt:
$x \cdot 1 = x$; $x : 1 = x$
Multiplizieren und Dividieren einer Zahl mit bzw. durch 1 verändert den Wert der Zahl nicht.
$x \cdot 0 = 0$; $0 : x = 0$
Multipliziert man eine Zahl mit null oder dividiert man null durch eine andere Zahl, erhält man null.

$225 \cdot 12 = 2700$
$243 \cdot 300 = 72\,900$

$1323 : 21 = 63$
$4800 : 80 = 60$

Zahlenbeispiele für das Rechnen mit 0 und 1:

$17 \cdot 1 = 17$	$71 \cdot 0 = 0$
$1 \cdot 1 = 1$	$0 \cdot 53 = 0$
$39 : 1 = 39$	$0 : 18 = 0$
$1 : 1 = 1$	$0 : 1 = 0$

Merke: Durch null kann man nicht dividieren, da das Ergebnis nicht definiert ist.

Diese Aufgaben haben kein Ergebnis:
$42 : 0$
$1 : 0$
$0 : 0$

Potenzen

Das Produkt $a \cdot a \cdot a \cdot ... \cdot a$ aus n gleichen Faktoren a kann man als **Potenz a^n** schreiben. Die Zahl a heißt **Basis** und die Zahl n **Exponent** (Hochzahl).
Merke: $a^1 = a$ $\quad a^0 = 1$

$2 \cdot 2 \cdot 2 \cdot 2 \cdot 2 = 2^5 = 32$
$4 \cdot 4 \cdot 4 \cdot 4 = 4^4 = 256$

$3^4 = 3 \cdot 3 \cdot 3 \cdot 3 = 81$
$20^1 = 20$; $7^1 = 7$; $20^0 = 1$; $7^0 = 1$

ÜBUNG 7 Löse die Aufgaben in deinem Übungsheft.

a) 89 + 502	b) 555 + 687	c) 67 + 240	d) 1002 + 405
e) 344 – 234	f) 289 – 123	g) 890 – 342	h) 345 – 159
i) 666 – 666	j) 999 – 888	k) 343 + 457	l) 164 + 532

ÜBUNG 8 Vervollständige die Tabelle, indem du in die Felder die Differenz bzw. Minuend oder Subtrahend einträgst. (Hinweis: Rechne „Zahl vorne minus Zahl oben".)

–	399				451
866					
971		459			
689			112		
999				546	
					222

WISSEN

Schriftliches Addieren und Subtrahieren
Man schreibt die Zahlen untereinander:
- Einer unter Einer, Zehner unter Zehner, Hunderter unter Hunderter …
- Man addiert bzw. subtrahiert erst die Einer, dann die Zehner, die Hunderter …
- Einen eventuell entstehenden Übertrag übernimmt man zur nächsten Rechnung nach links (rot gekennzeichnet).

Addition

		8	9	0	5
+			3	5	6
+		2	8	7	6
+		1	9	9	0
		3	2	1	
	1	**4**	**1**	**2**	**7**

Subtraktion

	1	3	5	0	9
–		6	6	8	1
–			7	1	1
–		4	3	9	2
	1	2	2		
		1	**7**	**2**	**5**

ÜBUNG 9 Trage in die Felder die Rechenzeichen + oder – ein.

a) 32 [+] 65 = 97 b) 429 [–] 105 = 324 c) 345 [+] 420 [–] 209 = 556

d) 432 [–] 109 = 323 e) 780 [+] 290 = 1070 f) 600 [–] 285 [+] 399 = 714

ÜBUNG 10 Berechne die Summen und Differenzen.

a) 77777 + 6689 + 919	b) 5479 – 2009 – 198	c) 1000 – 359 – 640
d) 6543 – 1992 + 899	e) 344 – 145 – 59	f) 50000 – 4445 – 10099

ÜBUNG 11 Berechne die Produkte und Quotienten.

a) $326 \cdot 7$	b) $304 \cdot 8$	c) $25 \cdot 30$	d) $73 \cdot 15$
e) $326 \cdot 70$	f) $304 \cdot 80$	g) $250 \cdot 300$	h) $730 \cdot 150$
i) $326 \cdot 700$	j) $304 \cdot 800$	k) $2500 \cdot 3000$	l) $7300 \cdot 15$
m) $108 : 12$	n) $320 : 16$	o) $162 : 9$	p) $10725 : 15$
q) $1080 : 12$	r) $3200 : 16$	s) $1620 : 90$	t) $1905 : 15$
u) $10800 : 120$	v) $32000 : 160$	w) $4860 : 180$	x) $4320 : 36$

WISSEN

Schriftliches Multiplizieren und Dividieren

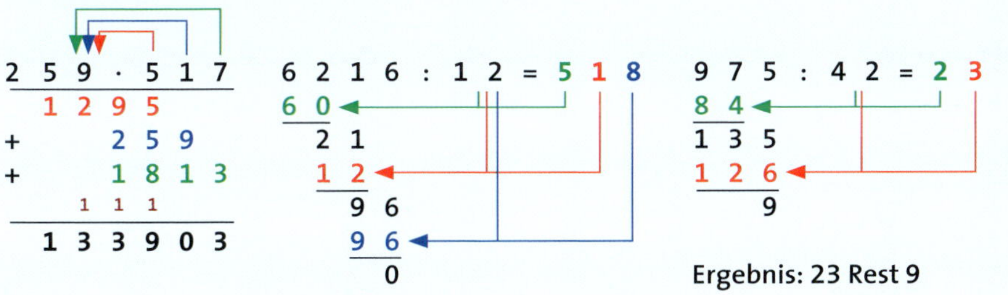

Ergebnis: 23 Rest 9

ÜBUNG 12 Rechne schriftlich.

a) $345 \cdot 918$ b) $1199 \cdot 458$ c) $45\,609 : 69$ d) $49\,704 : 456$

ÜBUNG 13 Bearbeite die Aufgaben in deinem Übungsheft.

a) Subtrahiere den Quotienten von 96 und 12 vom Produkt der Zahlen 23 und 11.

b) Das Produkt einer Zahl mit 11 ergibt das 8-Fache von 385. Wie heißt die Zahl?

ÜBUNG 14 Setze jeweils das passende Zeichen ein: <, = oder >.

a) 3^6 ☐ 3^5	b) 10^6 ☐ 1000^2	c) 5^4 ☐ 6^4
d) 2^{10} ☐ 4^5	e) 3^7 ☐ 7^3	f) 1^0 ☐ 1000^0

ÜBUNG 15 Berechne die Potenzen in deinem Übungsheft.

a) 5^2	b) 1^6	c) 723^0
d) 10^5	e) 2^3	f) $3 \cdot 10^3$

ÜBEN

1.3 Rechengesetze und Rechenvorteile

Kommutativgesetze

■ Die Summanden einer Summe dürfen miteinander vertauscht werden.
■ Die Faktoren eines Produktes dürfen miteinander vertauscht werden.

$a + b = b + a$ **$a \cdot b = b \cdot a$**

Diese Gesetze kann man nutzen, um vorteilhaft zu rechnen:
$68 + 97 + 112 + 23 = 68 + 112 + 97 + 23$
$= 180 + 120 = 300$

Assoziativgesetze

■ In einer Summe aus drei oder mehr Zahlen darf man die Reihenfolge der Rechenschritte beliebig wählen. Der Wert der Summe ändert sich nicht.
■ In einem Produkt aus drei oder mehr Zahlen darf man die Reihenfolge der Rechenschritte beliebig wählen. Der Wert des Produktes ändert sich nicht.

$(a + b) + c = a + (b + c)$
$(a \cdot b) \cdot c = a \cdot (b \cdot c)$

Diese Gesetze kann man ebenfalls nutzen, um vorteilhaft zu rechnen:
$50 \cdot 27 \cdot 20 = 50 \cdot 20 \cdot 27 = 1000 \cdot 27$
$= 27\,000$

Distributivgesetz

Eine Summe (oder Differenz) kann man mit einer Zahl multiplizieren, indem man die Zahl mit jedem Summanden (bzw. mit Minuend und Subtrahend) multipliziert und die Produkte addiert (bzw. subtrahiert).

Das Gleiche gilt auch für das Dividieren von Summen oder Differenzen.

$(a + b) \cdot c = a \cdot c + b \cdot c$
$(a - b) \cdot c = a \cdot c - b \cdot c$
$(a + b) : c = a : c + b : c$
$(a - b) : c = a : c - b : c$

Auch diese Gesetze nutzt man, um vorteilhaft zu rechnen:
$89 \cdot 9 = 89 \cdot (10 - 1) = 89 \cdot 10 - 89 \cdot 1$
$= 801$
$76 \cdot 11 = 76 \cdot 10 + 76 \cdot 1 = 836$

Arbeit mit Variablen

Platzhalter, für die man Zahlen einsetzen kann, nennt man in der Mathematik **Variable.** Man bezeichnet sie mit Buchstaben, meistens x oder a, b, C, Y, aber auch mit griechischen Buchstaben wie α, β, γ ...

Wenn n eine natürliche Zahl ($n \in \mathbb{N}$) ist, ist
$2 \cdot n$ stets eine gerade Zahl;
$2 \cdot n + 1$ stets eine ungerade Zahl;
$n - 1$ Vorgänger von n ($n \geq 1$);
$n + 1$ Nachfolger von n.

WISSEN

ÜBUNG 16 Fülle die Tabelle aus. Versuche, so weit wie möglich im Kopf zu rechnen.

a	b	c	a · b + c	a + b · c	a + b + c	(a + b) · c	a : b + c	a : (b – c)
16	8	4						
48		8		240				

ÜBUNG 17 Rechne vorteilhaft durch Ausnutzen der Assoziativgesetze.

a) 354 + 111 + 246 b) 179 + 222 + 321 + 278 c) 777 + 110 + 110 + 223
d) 8 · 23 · 5 e) 125 · 17 · 8 f) 9 · 225 · 4 · 10

ÜBUNG 18 Rechne im Kopf. Nutze das Distributivgesetz.

a) 7 · 23 b) 9 · 72 c) 57 · 8 d) 361 · 5
e) 70 · 41 f) 17 · 11 g) 40 · 44 h) 5 · 67

ÜBUNG 19 Berechne, indem du den gemeinsamen Faktor ausklammerst.

a) 102 · 9 + 98 · 9 b) 14 · 46 + 14 · 54 c) 32 · 36 – 32 · 16

WISSEN +

Umkehroperationen
Die Addition ist die Umkehroperation der Subtraktion und umgekehrt. Das Addieren einer Zahl kann also durch Subtraktion rückgängig gemacht werden.
Die Multiplikation ist die Umkehroperation der Division und umgekehrt.
Das Multiplizieren mit einer Zahl kann also durch Division rückgängig gemacht werden.
Diese Eigenschaften nutzt man zum Durchführen einer **Probe** und zum **Lösen von Gleichungen.**

939 + 707 = 1646,
weil 1646 – 707 = 939

432 – 309 = 123,
weil 123 + 309 = 432

Der Divisor ist 42, der Quotient 36. Der Dividend soll berechnet werden.
Gleichung aufstellen: x : 42 = 36
Umkehroperation: x = 36 · 42 = 1512
Probe: 1512 : 42 = 36

ÜBUNG 20 Löse die Gleichungen. Überprüfe deine Lösungen.

a) 172 + x = 300 b) 341 + x + 280 = 850 c) x – 209 = 560
d) 2381 + 792 + x = 5080 e) 349 – x – 210 = 1 f) 492 – x = 100

ÜBUNG 21 Laras älterer Bruder hat in den Sommerferien bei einem Baubetrieb gejobbt. An 12 Arbeitstagen hat er 576 € verdient. Jeden Tag hat er 6 Stunden gearbeitet. Wie hoch war der Stundenlohn?

Thementest 1

60 Minuten

AUFGABE 1 **Vervollständige die Rechnungen.**

a)

	4	5		
+	3		0	1
		5	6	8

b)

1	2	3		9
−	2		6	
		7	4	8

c)

	6		4	9
+		7		9
+		8	9	9
	0	6	7	

AUFGABE 2 **Stelle einen Term mit Variablen auf für ...**

a) das Doppelte (Dreifache, Zehnfache) einer Zahl;
b) das Fünffache einer Zahl, vermehrt um 9;
c) das Produkt zweier Zahlen, vermindert um das Vierfache der zweiten Zahl.

AUFGABE 3 **Bestimme die fehlenden Zahlen. Rechne im Kopf.**

a) b)

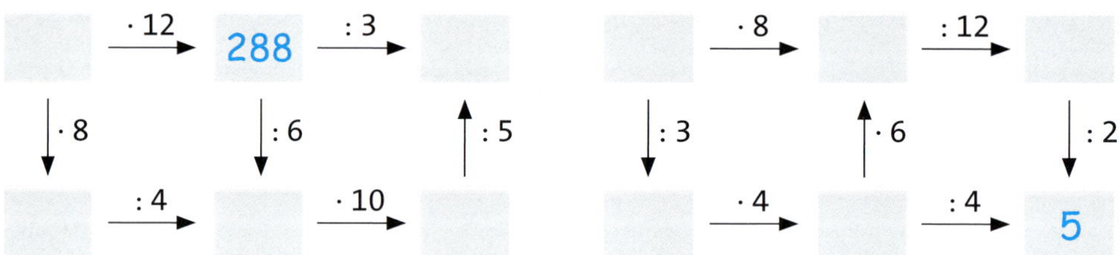

AUFGABE 4 **Wie verändert sich das Produkt 24 · 8, wenn man ...**

a) den ersten Faktor verdoppelt, vervierfacht oder halbiert?
b) den ersten Faktor verdoppelt und den zweiten halbiert?

AUFGABE 5 **Die Elternsprecherin hat an eine Klasse Essenskarten mit den Nummern 286 bis 305 verkauft. Jede Karte kostet 15 €. Wie hoch ist der eingenommene Betrag?**

305 - 286 = 19 x 15 = 145 €

AUFGABE 6 **Ben stapelt Ziegelsteine auf. Die unterste Reihe enthält 40, die oberste 24 Steine. Von unten nach oben enthält jede Reihe zwei Steine weniger als die darunterliegende Reihe. Wie viele Steine hat Ben aufgestapelt?**

TESTEN

2

Teilbarkeit natürlicher Zahlen

2.1 Teiler und Vielfache

Teiler

Eine natürliche Zahl a teilt eine natürliche Zahl b, wenn es eine natürliche Zahl n gibt, sodass gilt: **b = n · a** und damit: **b : a = n** a teilt b ohne Rest und a heißt **Teiler** von b. Man schreibt: a|b (Lies: a teilt b). Alle Teiler einer Zahl fasst man in der Teilermenge zusammen.	6 ist ein Teiler von 36, denn 6 · 6 = 36. 112 ist durch 8 ohne Rest teilbar: 112 : 8 = 14, also 8|112 Die Teilermenge von 112 wird so geschrieben: T_{112} = {1, 2, 4, 7, 8, 14, 16, 28, 56}
Zahlen können mehrere **gemeinsame Teiler** haben, so haben z. B. 15, 30 und 45 die Zahlen 1, 3 und 5 als gemeinsame Teiler. Der **größte gemeinsame Teiler**, auch kurz mit **ggT** bezeichnet, ist in diesem Fall 5.	Die gemeinsamen Teiler von 12 und 20 sollen bestimmt werden. Zunächst notiert man alle Teiler von 12 und von 20: Teiler von 12: 1, 2, 3, 4, 6, 12 Teiler von 20: 1, 2, 4, 5, 10, 20 **Gemeinsame Teiler** von 12 und 20 sind: 1, 2, 4; der ggT ist 4.
Haben zwei oder mehr Zahlen nur 1 als gemeinsamen Teiler, nennt man sie **teilerfremd.**	11 und 17 haben nur 1 als gemeinsamen Teiler; sie sind teilerfremd. 24, 25 und 77 haben nur 1 als gemeinsamen Teiler; sie sind teilerfremd.

Vielfache

Ist a ein Teiler von v, ist v ein Vielfaches von a. Ist eine Zahl v Vielfaches einer Zahl a und auch Vielfaches einer Zahl b, so heißt v gemeinsames Vielfaches von a und b. Das **kleinste gemeinsame Vielfache** wird mit **kgV** bezeichnet.	Die Zahlen 6, 10 und 15 haben unendlich viele gemeinsame Vielfache: 30, 60, 90, 120, 150 ... Das kleinste gemeinsame Vielfache ist 30. 360 ist das kgV der Zahlen 24, 36 und 48.

Teilbarkeitsregeln

Endzifferregeln:

- Jede **gerade Zahl** ist **durch 2** teilbar.

Gerade Zahlen enden auf 0, 2, 4, 6 oder 8, sind also durch 2 teilbar.
$2 \mid 4338$, weil 8 durch 2 teilbar ist.

- Jede Zahl, deren **letzte Ziffer 0** ist, ist **durch 10** teilbar.

$10 \mid 2390$, weil am Ende eine 0 steht.

Beachte: Stehen am Ende der Zahl 2 Nullen (3 Nullen, 4 Nullen ...), dann ist die Zahl durch 100 (1000, 10 000 ...) teilbar.

- Jede Zahl, deren **letzte Ziffer 0 oder 5** ist, ist **durch 5** teilbar.

$5 \mid 2790$, weil die letzte Ziffer 0 ist.
$5 \nmid 2792$, weil die letzte Ziffer weder 0 noch 5 ist.

Eine Zahl ist nur dann ...

- durch **4 teilbar**, wenn **die letzten zwei Ziffern eine durch 4 teilbare Zahl** bilden;

$4 \mid 2392$, weil 92 durch 4 teilbar ist.

- durch **8 teilbar**, wenn **die letzten drei Ziffern eine durch 8 teilbare Zahl** bilden.

$8 \mid 12\,424$, weil 424 durch 8 teilbar ist.
$8 \nmid 9524$, weil 524 nicht durch 8 teilbar ist.

Quersummenregeln:

- Um Zahlen auf Teilbarkeit durch 3 oder durch 9 zu untersuchen, werden Regeln verwendet, in denen die Summe aus allen Ziffern der Zahl gebildet wird. Diese Summe heißt **Quersumme.** Verschiedene Zahlen können die gleiche Quersumme besitzen.

Die Quersumme von ...
1073 ist $1 + 0 + 7 + 3 = 11$
3170 ist $3 + 1 + 7 + 0 = 11$

- Jede Zahl, deren **Quersumme durch 3 teilbar** ist, ist auch durch **3 teilbar.**
- Jede Zahl, deren **Quersumme durch 9 teilbar** ist, ist auch durch **9 teilbar.**

Es soll untersucht werden, ob 1289 und 2304 durch 3 und 9 teilbar sind.
1289: Quersumme: $1 + 2 + 8 + 9 = 20$
$3 \nmid 20$, also $3 \nmid 1289$
$9 \nmid 20$, also $9 \nmid 1289$
2304: Quersumme: $2 + 3 + 0 + 4 = 9$
$3 \mid 9$, also $3 \mid 1289$
$9 \mid 9$, also $9 \mid 1289$
Aber: 5601, Quersumme: 12
$3 \mid 12$, also $3 \mid 5601$; $9 \nmid 12$, also $9 \nmid 5601$

Teilbarkeit durch die Zahl 6:
Jede Zahl, die durch 2 und durch 3 teilbar ist, ist auch durch 6 teilbar.

624 ist durch 3 und durch 2 teilbar, daher $6 \mid 624$.
686 ist durch 2 teilbar, aber nicht durch 3, daher $6 \nmid 686$.

ÜBUNG 1 **Überprüfe, welche der Zahlen durch 3 teilbar sind.**

a) 120; 360; 380; 400; 433; 474; 589; 1002
b) 84; 357; 409; 721; 722; 723; 1221; 2358

ÜBUNG 2 **Welche der Zahlen sind durch 9 teilbar?**

a) 54; 108; 506; 981; 1008; 1009; 1010; 20 979
b) 0; 18; 81; 82; 399; 5616; 5639; 129 456

ÜBUNG 3 **Überprüfe, welche der Zahlen durch 4 teilbar sind.**

225; 276; 580; 790; 801; 894; 2008; 3010; 23 400; 89 994

ÜBUNG 4 **Gibt es unter den gegebenen Zahlen eine Zahl, die durch 8 teilbar ist?**

86; 129; 889; 1286; 1388; 1393; 27 808; 45 672; 102 338

ÜBUNG 5 **Wann sind natürliche Zahlen teilbar ...**

a) durch 10?
b) durch 100?
c) durch 1000?
d) durch 5?
e) Untersuche die folgenden Zahlen auf die von dir gefundenen Kriterien:
120; 229; 3006; 7800; 10 010; 27 300

ÜBUNG 6 **Finde die gesuchten Zahlen.**

a) Welches ist die kleinste vierstellige Zahl, die durch 3 teilbar ist?
b) Welches ist die größte vierstellige Zahl die durch 9 teilbar ist?
c) Welches ist die größte dreistellige Zahl, die durch 6 teilbar ist?

ÜBUNG 7 **Bei einer Wanderfahrt sollen 120 Teilnehmer in gleich große Gruppen aufgeteilt werden. Wie groß könnte die Stärke einer Gruppe sein?**

ÜBUNG 8 **Eine Schülerband veranstaltet ein Konzert. Schüler und Lehrer dieser Schule bezahlen für eine Eintrittskarte 6 €, andere Besucher zahlen 9 €. Nach dem Konzert sind 1772 € in der Kasse. Der Gitarrist, der die Kasse verwaltet, meint, dass das nicht stimmen kann.**
Hat er recht? Wieso kann diese Summe nicht stimmen?

2.2 Primzahlen und Primfaktorzerlegung

Primzahlen

Natürliche Zahlen, die größer sind als 1 und sich nur durch 1 und sich selbst teilen lassen, nennt man **Primzahlen.** Primzahlen sind: 2, 3, 5, 7, 11, 13, 17 …

Die kleinste und einzige gerade Primzahl ist die 2.

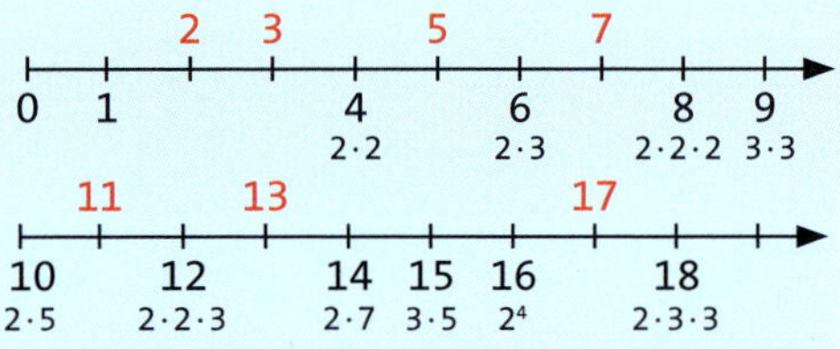

Hier wird nur ein kleiner Teil der Primzahlen dargestellt, denn es gibt unendlich viele Primzahlen.

Jede natürliche Zahl, die nicht Primzahl und größer als 1 ist, kann als Produkt aus Primzahlen, den **Primfaktoren,** dargestellt werden. Man nennt dies eine **Primfaktorzerlegung.** Gleiche Faktoren fasst man dabei mithilfe der Potenzschreibweise zusammen.

Merke: Jede natürliche Zahl außer 0 und 1 ist entweder eine Primzahl oder lässt sich in Primfaktoren zerlegen. Für jede zerlegbare Zahl gibt es nur eine einzige Primfaktorzerlegung.

$3800 = 2 \cdot 1900$
$= 2 \cdot 2 \cdot 950$
$= 2 \cdot 2 \cdot 2 \cdot 475$
$= 2 \cdot 2 \cdot 2 \cdot 5 \cdot 5 \cdot 19$
$= 2^3 \cdot 5^2 \cdot 19$

2, 5 und 19 sind Primzahlen

$1323 = 3 \cdot 441$
$= 3 \cdot 3 \cdot 147$
$= 3 \cdot 3 \cdot 3 \cdot 49$
$= 3 \cdot 3 \cdot 3 \cdot 7 \cdot 7$
$= 3^3 \cdot 7^2$

3 und 7 sind Primzahlen

Bestimmen von ggT und kgV

Der größte gemeinsame Teiler und das kleinste gemeinsame Vielfache lassen sich mithilfe der Primfaktorzerlegung bestimmen.

ggT: Man multipliziert die höchsten Potenzen der Primfaktoren, die in allen Zerlegungen gemeinsam vorkommen.
kgV: Man multipliziert alle vorkommenden Primfaktoren in ihrer höchsten Potenz. Jede Primzahl wird also nur einmal berücksichtigt.

Der ggT und das kgV von 24 und 64 sollen bestimmt werden.

$24 = 2 \cdot 2 \cdot 2 \cdot 3 = 2^3 \cdot 3^1$
$64 = 2 \cdot 2 \cdot 2 \cdot 2 \cdot 2 \cdot 2 = 2^6$
ggT (24; 64) $= 2^3 = 8$
kgV (24; 64) $= 2^6 \cdot 3^1 = 192$

ÜBUNG 9 **Bearbeite die Aufgaben zum Begriff „Primzahl“.**

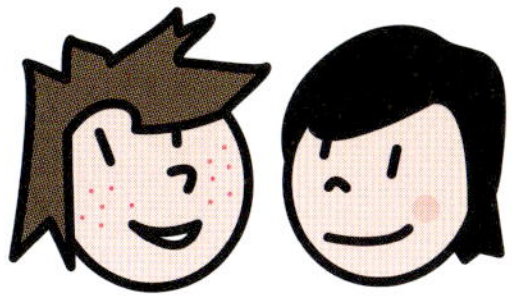

a) Nenne alle einstelligen Primzahlen.
b) Welche der Zahlen sind Primzahlen: 12; 21; 23; 27; 37; 43; 47; 48; 49; 53?
c) Schreibe alle Primzahlen auf, die zwischen 70 und 95 liegen.
d) Schreibe von einer Zahl alle Teiler auf. Woran erkennt man, welche davon Primzahlen sind?

ÜBUNG 10 **Welche der Zahlen sind Primzahlen?**

a) 1; 11; 21; 31; 41; 51
b) 3; 13; 23; 33; 43; 53
c) 7; 17; 27; 37; 47; 57
d) 9; 19; 29; 39; 49; 59

ÜBUNG 11 **Gib alle Primzahlen an, die in den gegebenen Mengen natürlicher Zahlen enthalten sind.**

a) M = {1; 2; 3; 4; 5; 6; 7}
b) M = {10; 11; 12; ...; 24}
c) M = {x < 20}
d) M = {100; 101; ...; 110}
e) M = {x > 200}
f) M = {84; 85; ...; 88}

ÜBUNG 12 **Bestimme ...**

a) die größte zweistellige Primzahl;
b) die kleinste dreistellige Primzahl.

ÜBUNG 13 **Erläutere, warum die folgenden Zahlen keine Primzahlen sind.**

a) 102; 111; 135; 189; 477; 693
b) 207; 279; 291; 309; 711; 807

ÜBUNG 14 **Welche Zahlen wurden hier in Primfaktoren zerlegt?**

a) $2 \cdot 2 \cdot 3 \cdot 5$
b) $2 \cdot 2 \cdot 5 \cdot 5$
c) $2 \cdot 2 \cdot 3 \cdot 11$
d) $2 \cdot 2 \cdot 3 \cdot 5 \cdot 7$
e) $2^3 \cdot 32$
f) $2^4 \cdot 3 \cdot 5^2$
g) $3^3 \cdot 5^2$
h) $2 \cdot 3 \cdot 5 \cdot 11$

ÜBUNG 15 **Zerlege die natürlichen Zahlen in Primfaktoren und fasse die Faktoren gegebenenfalls zu Potenzen zusammen.**

a) 48
b) 120
c) 580
d) 856
e) 1872
f) 5000
g) 12 450
h) 41 400

ÜBUNG 16 **Ermittle den ggT durch Primfaktorzerlegung.**

a) 24; 30
b) 175; 280
c) 12; 18; 66
d) 336; 384
e) 702; 782
f) 106; 240
g) 16; 36; 54
h) 45; 90; 180

ÜBUNG 17 **Bestimme das kgV durch Primfaktorzerlegung.**

a) 2; 5; 20 b) 12; 28 c) 24; 54 d) 8; 12; 15
e) 30; 50; 80 f) 30; 60; 105 g) 15; 18; 24 h) 25; 40; 130

WISSEN

Das Sieb des Eratosthenes
Auf den griechischen Gelehrten Eratosthenes (etwa 275–194 v. Chr.) geht ein Verfahren zurück, mit dem man leicht und vor allem schnell Primzahlen einer Zahlenmenge bestimmen kann – die Primzahlen also „aussiebt“.

1. Man notiert alle zu untersuchenden Zahlen und
2. streicht die 1;
3. markiert die 2, streicht Vielfache von 2;
4. markiert die 3, streicht die Vielfachen von 3, falls noch nicht geschehen;
5. wiederholt die Schritte 3 und 4 für die jeweils kleinsten nicht markierten Zahlen.

Das Verfahren ist beendet, sobald das Quadrat der kleinsten unmarkierten Zahl größer als die größte Zahl der Menge ist. Alle markierten Zahlen sind Primzahlen.

Die Primzahlen zwischen 0 und 50 sollen gefunden werden.

~~1~~	(2)	(3)	~~4~~	(5)	~~6~~	7	~~8~~	~~9~~	~~10~~
11	~~12~~	13	~~14~~	~~15~~	~~16~~	17	~~18~~	19	~~20~~
~~21~~	~~22~~	23	~~24~~	~~25~~	~~26~~	~~27~~	~~28~~	29	~~30~~
31	~~32~~	~~33~~	~~34~~	~~35~~	~~36~~	37	~~38~~	~~39~~	~~40~~
41	~~42~~	43	~~44~~	~~45~~	~~46~~	47	~~48~~	49	~~50~~

Ergebnis: 2; 3; 5; 7; 11; 13; 17;19; 23; 29; 31; 37; 41; 43 und 47 sind Primzahlen.

ÜBUNG 18 **Bestimme die Primzahlen zwischen 0 und 100 mithilfe des „Siebes“ von Eratosthenes.**

ÜBUNG 19 **Anna, Lina und Julian spielen mit der Modellrennbahn. Sie starten ihre Rennautos zur gleichen Zeit. Linas Auto benötigt 14 Sekunden für eine Runde, Julians Auto braucht 15 Sekunden und Linas Wagen schafft eine Runde in 12 Sekunden. Nach welcher Zeit fahren sie wieder gemeinsam über die Ziellinie?**

ÜBUNG 20 **Die Zahnräder eines Fahrrades haben 24 und 30 Zähne. Mit jeder Umdrehung der Pedale drehen sich auch die Zahnräder genau einmal. Nach wie vielen Umdrehungen der Pedale haben beide Kettenräder wieder dieselbe Lage erreicht?**

ÜBEN

Thementest 1

60 Minuten

AUFGABE 1 **Bestimme die Teilermengen der Zahlen.**

a) 20 b) 45 c) 60 d) 182 e) 215 f) 315

AUFGABE 2 **Gib die Primzahlen an, die zwischen den gegebenen Zahlen liegen.**

a) 20 und 30 b) 30 und 40 c) 60 und 70 d) 90 und 110

AUFGABE 3 **Sind die gegebenen natürlichen Zahlen durch die jeweils angegebene Zahl teilbar?**

a) durch 3: 1530; 337; 3452; 3453; 8912
b) durch 4: 224; 1252; 4561; 9992; 10 004
c) durch 9: 442; 351; 7560; 23 592; 43 299

AUFGABE 4 **Bestimme mithilfe der Primfaktorzerlegung das kleinste gemeinsame Vielfache folgender Zahlen.**

a) 15, 36 und 40 b) 204 und 510

AUFGABE 5 **Finde die größte Zahl, die kleiner als 20 000 ist und ...**

a) durch 6, aber nicht durch 9 teilbar ist;
b) durch 2, durch 7, aber nicht durch 4 teilbar ist.

AUFGABE 6 **Alle 27 Schülerinnen und Schüler einer Klasse besuchen eine Theatervorstellung. Elias sammelt das Eintrittsgeld von allen Mitschülern ein. Nach dem Einsammeln hat er 163 € in der Kasse. Warum wird er stutzig?**

AUFGABE 7 **Die Seitenlängen eines Rechtecks seien mithilfe natürlicher Zahlen angegeben. (Der Umfang eines Rechtecks ist die Summe der Seitenlängen; den Flächeninhalt berechnest du, indem du die Länge mit der Breite multiplizierst.) Beantworte die Fragen und begründe deine Meinung.**

a) Kann der Umfang eine Primzahl sein?
b) Kann der Flächeninhalt eine Primzahl sein?

3 Brüche

3.1 Brüche als Teile von einem Ganzen

Bruchteile

Oft wird ein Ganzes in mehrere Teile geteilt:
Ein **halber** Liter Wasser wird gebraucht.
Ein Dezimeter ist ein **Zehntel** eines Meters.
Im Sport misst man in **Hundertstel**sekunden.
Walzer ist Musik im **Dreiviertel**takt.

Man schreibt:
$\frac{1}{2}$ $\frac{1}{10}$ $\frac{1}{100}$ $\frac{3}{4}$

Man liest:
ein halb
ein Zehntel
ein Hundertstel
drei Viertel

Werden Ganze in 2, 3, 4, 5, 6 ... gleiche Teile zerlegt, erhält man **Halbe, Drittel, Viertel, Fünftel, Sechstel ...**

$\frac{1}{2}$ ist der halbe Teil eines Ganzen,

$\frac{1}{3}$ ist der dritte Teil eines Ganzen usw.

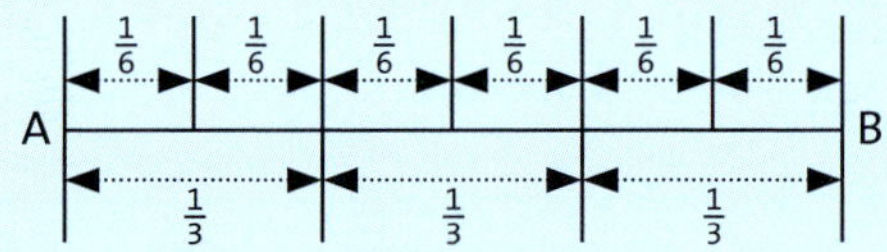

Ein Ganzes wird in 6 bzw. 3 gleiche Teile zerlegt.

Teilt man ein Ganzes in gleiche Teile, entstehen Bruchteile. Bruchteile eines Ganzen werden als Bruch (auch gemeiner Bruch genannt) in der Form $\frac{a}{b}$ (a von insgesamt b Bruchteilen) geschrieben.

$\frac{2}{3}$ Zähler / Bruchstrich / Nenner $\frac{5}{8}$

$\frac{2}{3}$ $\frac{5}{8}$

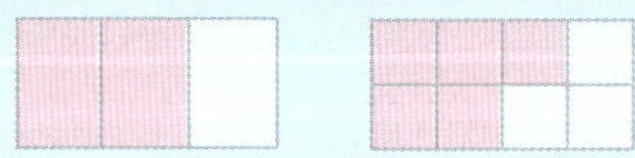

Der **Nenner** (der Name beruht auf „nennt“) gibt an, in wie viele gleiche Teile ein Ganzes zerlegt wird.
Der **Zähler** (der Name beruht auf „zählt“) zeigt, wie viele solcher Teile vorhanden sind.

Sind Zähler und Nenner gleich, sind also alle Teile vorhanden, entspricht der Bruch dem Ganzen.

In einem Bruch bedeuten:

$\frac{2}{5}$ Zähler: 2; Nenner: 5
Das Ganze in 5 Teile geteilt,
2 Fünftel sind vorhanden

$\frac{6}{6}$ Zähler: 6; Nenner: 6
Das Ganze in 6 Teile geteilt,
6 Sechstel = 1 Ganzes ist vorhanden.

Ist der Zähler das n-Fache des Nenners, entspricht der Bruch n Ganzen.

Merke: Brüche entstehen bei der Teilung eines oder mehrerer Ganzer.

$\frac{12}{4}$ Zähler: 12; Nenner: 4
Das Ganze in 4 Teile geteilt,
12 Viertel = 3 · 4 Viertel = 3 Ganze

Bruchzahlen, die auf dem Zahlenstrahl an der gleichen Stelle liegen, stellen den gleichen Bruch dar.

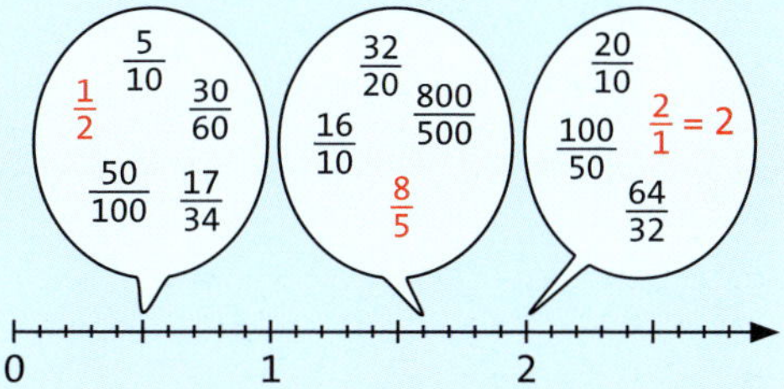

Haben gegebene Brüche den gleichen Nenner, wurde bei allen Brüchen das Ganze in die gleiche Anzahl Teile geteilt.
Diese Brüche nennt man **gleichnamig.**
Diese Brüche lassen sich vergleichen.

$\frac{1}{8} < \frac{3}{8} < \frac{5}{8} < \frac{7}{8} < \frac{8}{8} = 1 < \frac{11}{8} < \frac{15}{8} < \frac{16}{8} = 2$

$\frac{5}{12} > \frac{3}{12}; \frac{5}{22} < \frac{13}{22}; \frac{3}{25} < \frac{9}{25} > \frac{8}{25}$

Brüche als Maßzahlen von Größen

Häufig werden im Alltag Größen verwendet, die Maße oder Mengen von etwas angeben, wie Meter, Euro, Liter.
Diese Größen stehen für ein Ganzes (oder mehrere Ganze): 1 m, 1 €, 2 kg.
Man kann diese Größen ebenfalls in Bruchteile teilen.

$\frac{2}{5}$ m ist z. B. der **Bruchteil** von 1 m, den man erhält, wenn man 1 m in 5 gleiche Teile teilt und von diesen 5 Teilen dann 2 Teile herausnimmt.

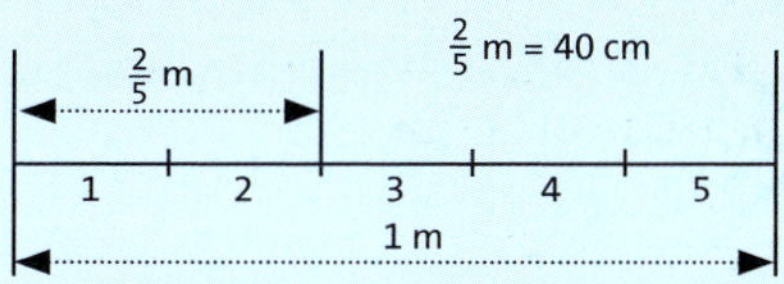

$\frac{3}{8}$ von 5 Kilogramm sollen berechnet werden:

5 kg = 5000 g;
$\frac{1}{8}$ von 5000 g entspricht 625 g;
$\frac{3}{8}$ von 5000 g sind: 3 · 625 g = 1875 g

Bruchteile von Größen können anschaulich dargestellt werden, indem man die Einheit der Größe in die nächstkleinere umwandelt und den Bruch als natürliche Zahl angibt.

$\frac{1}{8}$ von 1 kg ist $\frac{1}{8}$ von 1000 g, das entspricht 125 g.

Währung:	1 € = 100 ct
Länge:	1 m = 10 dm = 100 cm = 1000 mm
Masse:	1 kg = 1000 g = 1 000 000 mg
Zeit:	1 h = 60 min = 3600 s
	1 min = 60 s
Volumen:	1 m^3 = 1000 dm^3 = 1000 l
	= 1 000 000 cm^3

ÜBUNG 1 Zeichne auf Kästchenpapier ein Rechteck, das 24 Kästchen (am besten 4 × 6 Kästchen) enthält. Das Rechteck entspricht einem Ganzen. Kennzeichne folgende Teile dieser Fläche farbig:

$\frac{1}{2}$; $\frac{1}{3}$; $\frac{1}{4}$; $\frac{1}{8}$; $\frac{5}{6}$; $\frac{3}{4}$; $\frac{2}{3}$

ÜBUNG 2 Welche Bruchteile der Kreisfläche sind jeweils farbig gekennzeichnet?

a) 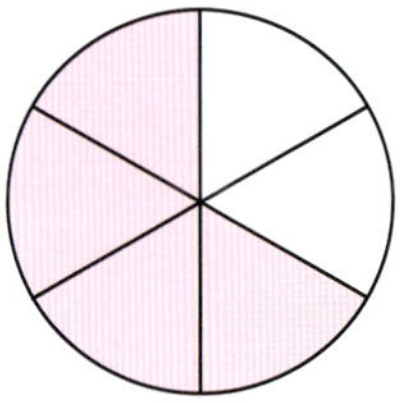

b) 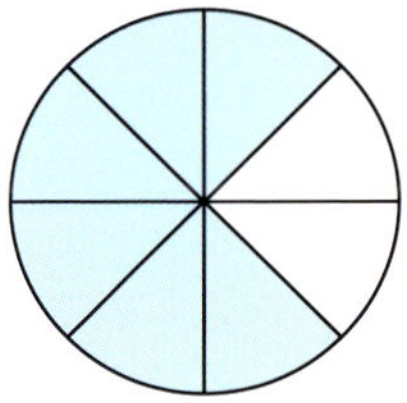

c) 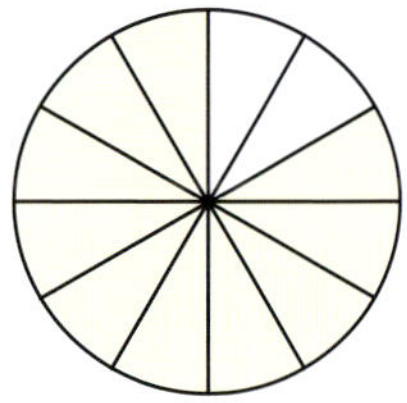

ÜBUNG 3 Gib die gekennzeichneten Bruchteile an.

a) 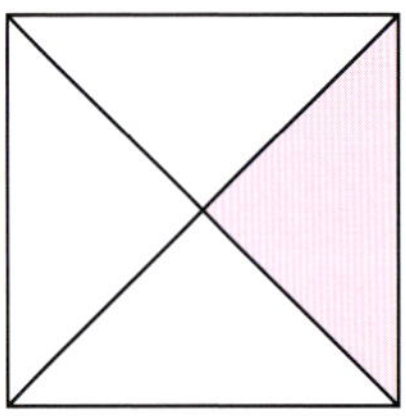

b) 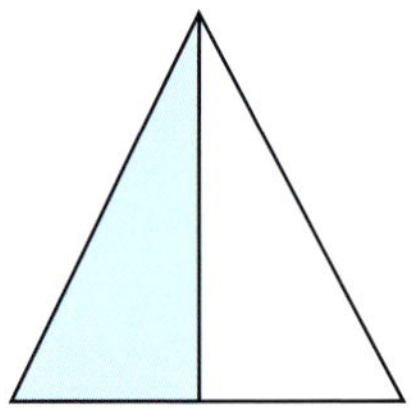

c) 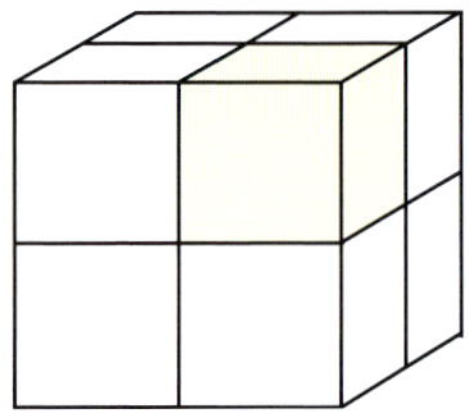

ÜBUNG 4 Wie viel fehlt zu einem Ganzen?

a) $\frac{1}{3}$; $\frac{2}{3}$; $\frac{3}{3}$; $\frac{4}{5}$; $\frac{19}{20}$; $\frac{35}{43}$

b) $\frac{3}{6}$; $\frac{3}{20}$; $\frac{1}{10}$; $\frac{6}{11}$; $\frac{5}{9}$; $\frac{99}{100}$

ÜBUNG 5 Bestimme die Füllmenge der Messzylinder. Gib sie in Liter an.

a) 

b) 

ÜBUNG 6 **Noah kauft auf dem Wochenmarkt ein. Auf seinem Einkaufszettel stehen u. a. $\frac{5}{2}$ kg Kartoffeln. Der Händler wiegt ihm 2400 g ab. Ist das richtig?**

ÜBUNG 7 **Jonas bekommt 12 € Taschengeld im Monat. Welchen Anteil des Taschengeldes hat er jeweils ausgegeben?**

a) 4 €　b) 9 €　c) 820 ct
d) 600 ct　e) 11 € 50 ct　f) 2 € 50 ct

ÜBUNG 8 **Zeichne einen Kreis mit dem Radius r = 4 cm auf dein Arbeitsblatt. Er stellt ein Ganzes dar. (Tipp: Du benötigst für die Aufgabe mehrere solcher Kreise.)**

a) Färbe ein: $\frac{1}{4}, \frac{3}{4}, \frac{2}{5}, \frac{1}{6}, \frac{7}{10}, \frac{1}{12}, \frac{11}{12}, \frac{0}{5}$

b) Wie viel Grad (geschrieben: °) hat ein Vollkreis? Gib die Bruchteile des Kreises aus a) in Grad an.

ÜBUNG 9 **Schreibe als Bruch.**

a) 200 m = $\frac{1}{5}$ km　b) 250 ml = ___ l　c) 10 min = ___ h

d) 400 m = ___ km　e) 800 g = ___ kg　f) 12 s = ___ h

g) 12 min = ___ h　h) 25 cm = ___ m　i) 75 cm = ___ m

ÜBUNG 10 **Schneide von einem Blatt Papier die angegebenen Anteile ab. Falte das Papier vorher entsprechend.**

a) $\frac{1}{4}$　b) $\frac{3}{4}$　c) $\frac{2}{3}$　d) $\frac{3}{8}$　e) $\frac{5}{6}$　f) $\frac{5}{12}$

ÜBUNG 11 **Welchen Anteil einer vollen Umdrehung überstreicht der kleine Zeiger einer Uhr in 1; 5 und 6 Stunden? Welchen Anteil einer vollen Umdrehung überstreicht der große Zeiger in 35 Minuten?**

ÜBUNG 12 **Bestimme die angegebenen Anteile.**

a) $\frac{1}{4}$ von 36 €　b) $\frac{2}{3}$ von 45 kg　c) $\frac{2}{5}$ von 300 m　d) $\frac{5}{6}$ von 84 m^2
e) $\frac{7}{100}$ von 600 l　f) $\frac{7}{12}$ von 48 km　g) $\frac{1}{15}$ von 300 €　h) $\frac{7}{8}$ von 72 t

ÜBEN

ÜBUNG 13 **Bestimme jeweils im Kopf, welche Bruchteile hier angegeben sind von ...**

a) 1 Tag (1 d): 12 h, 3 h, 8 h;
b) 1 h: 10 min, 15 min, 30 min;
c) 1 Jahr: 1 Monat, 8 Monate, 11 Monate;
d) 1 t: 125 kg, 200 kg, 100 000 g.

ÜBUNG 14 **Bestimme die Anteile. Rechne zunächst in eine kleinere Einheit um.**

a) $\frac{1}{2}$ von 1 m
b) $\frac{4}{5}$ von 2 cm
c) $\frac{2}{100}$ von 3 t
d) $\frac{3}{20}$ von 5 €
e) $\frac{5}{12}$ von 3 h
f) $\frac{9}{10}$ von 4 cm^3
g) $\frac{1}{20}$ von 2 m^2
h) $\frac{1}{5}$ von 12 t

ÜBUNG 15 **Vor dem Backen wiegt der Teig 15 800 g. Beim Backen verliert ein Teig etwa $\frac{1}{5}$ seiner Masse. Was wiegt der Teig nach dem Backen? Wie viel Masse ging verloren?**

ÜBUNG 16 **Lara und Lucas wollen 12 km wandern. Bis zur ersten Rast soll ein Viertel der Gesamtstrecke geschafft sein, bis zur Mittagspause ein Drittel der restlichen Strecke. Wie viele Kilometer bleiben für den Nachmittag?**

ÜBUNG 17 **Die 24 Schüler der 6. Klasse des Goethe-Gymnasiums haben eine Mathematikarbeit geschrieben. $\frac{1}{8}$ der Schüler erhielt eine „Eins“, $\frac{1}{6}$ eine „Zwei“, ebenso viele bekamen eine „Drei“. $\frac{1}{3}$ erhielt eine „Vier“ und zwei Schüler bekamen eine „Fünf“. Gab es Schüler, die eine „Sechs“ schrieben?**

ÜBUNG 18 **Bestimme die jeweiligen Teile.**

a) Tim hat in seiner CD-Sammlung 120 CDs. $\frac{1}{5}$ davon enthält Musik mit deutschen Texten. Wie viele CDs sind das?
b) Mia liest ein Buch, das 246 Seiten hat. Sie hat $\frac{2}{3}$ des Buches bereits gelesen. Wie viele Seiten hat Mia noch nicht gelesen?
c) Sarah organisiert in der Schule den Milchverkauf. Von 328 Flaschen hat sie $\frac{3}{4}$ verkauft. Wie viele kann sie noch verkaufen?

ÜBUNG 19 **Louis findet auf dem Dachboden eine Balkenwaage, die noch aus Tante Ernas Lebensmittelladen stammt. In einem Kasten findet er folgende Gewichte: 500 g; 2 × 200 g; 100 g; 50 g; 2 × 20 g; 10 g; 5 g; 2 × 2 g; 1 g. Gib die einzelnen Massen jeweils als Teil von einem Kilogramm in Bruchschreibweise an.**

ÜBEN

3.2 Erweitern, Kürzen und Vergleichen von Brüchen

Man **erweitert** einen Bruch, indem man seinen Zähler und seinen Nenner mit der gleichen Zahl (außer 0) multipliziert.
Der ursprüngliche und der erweiterte Bruch sind gleich groß.
Die zum Multiplizieren benutzte Zahl ist die **Erweiterungszahl.**

$\frac{a}{b} = \frac{a \cdot n}{b \cdot n}$ $(n \neq 0)$

$\frac{4}{5} = \frac{4 \cdot 6}{5 \cdot 6} = \frac{24}{30}$

Der Bruch $\frac{3}{5}$ soll nacheinander mit 2; 4; 8; 10 und 15 erweitert und die Brüche verglichen werden.

$\frac{3}{5} = \frac{6}{10} = \frac{12}{20} = \frac{24}{40} = \frac{30}{50} = \frac{45}{75}$

Alle Brüche haben denselben Wert.

Man **kürzt einen Bruch,** indem man seinen Zähler und seinen Nenner durch die gleiche Zahl (außer 0) dividiert.
Der ursprüngliche und der gekürzte Bruch sind gleich groß.
Die zum Dividieren benutzte Zahl ist die **Kürzungszahl.**

$\frac{a}{b} = \frac{a : n}{b : n}$ $(n \neq 0)$

Merke: a und b müssen durch n teilbar sein!

$\frac{24}{30} = \frac{24 : 6}{30 : 6} = \frac{4}{5}$

Die Kürzungszahl soll bestimmt werden.

$\frac{72}{99} = \frac{8}{11} \rightarrow \mathbf{9}$; $\frac{30}{160} = \frac{6}{32} \rightarrow \mathbf{5}$; $\frac{54}{126} = \frac{3}{7} \rightarrow \mathbf{18}$

Man kann mit dem größten gemeinsamen Teiler von Nenner und Zähler kürzen, aber auch schrittweise kürzen.

$\frac{24}{72} = \frac{24 : 24}{72 : 24} = \frac{1}{3}$ **Kürzen mit 24**

$\frac{24}{72} = \frac{12}{36} = \frac{6}{18} = \frac{3}{9} = \frac{1}{3}$ **Kürzen mit 2, 2, 2, 3**

Kann ein Bruch nicht gekürzt werden, d. h., haben Zähler und Nenner keinen gemeinsamen Teiler, heißt der Bruch **teilerfremd.**

Ein Bruch soll so weit gekürzt werden, dass er teilerfremd ist.

$\frac{360}{520} = \frac{9}{13} \rightarrow \mathbf{40}$; $\frac{375}{575} = \frac{15}{23} \rightarrow \mathbf{25}$

$\frac{1}{3}; \frac{3}{9}; \frac{6}{18}; \frac{12}{36}; \frac{24}{72}$ haben denselben Wert, der Bruch $\frac{1}{3}$ ist teilerfremd

---

Um Brüche **gleichnamig** zu machen, muss man sie auf denselben Nenner bringen, also so erweitern, dass sie alle denselben Nenner haben.

$\frac{3}{5}; \frac{5}{8}; \frac{7}{12}; \frac{9}{20}$

Der gemeinsame Nenner ist ein **gemeinsames Vielfaches** aller gegebenen Nenner.
Es gibt viele gemeinsame Vielfache.
Das kleinste gemeinsame Vielfache (kgV) (↑ Kap. 2.1) aller Nenner nennt man **Hauptnenner.**

Gemeinsame Nenner dieser Brüche sind z. B.: 120, 240, 360 ...
Der Hauptnenner, also das kgV der Nenner, beträgt 120.

$\frac{3}{5} = \frac{72}{120}; \frac{5}{8} = \frac{75}{120}; \frac{7}{12} = \frac{70}{120}; \frac{9}{20} = \frac{54}{120}$

Brüche, die unterschiedliche Nenner haben, heißen **ungleichnamig.**

Ungleichnamige Brüche:

$\frac{2}{3}; \frac{2}{5}; \frac{7}{20}; \frac{6}{200}; \frac{73}{500}$

Gleichnamige Brüche:

$\frac{33}{100}; \frac{40}{100}; \frac{35}{100}; \frac{3}{100}; \frac{14}{100}$

Brüche gleichen Wertes:

$\frac{2}{5} = \frac{40}{100}; \frac{7}{20} = \frac{35}{100}; \frac{6}{200} = \frac{3}{100}$

Um **Brüche vergleichen** zu können, muss man sie gleichnamig machen. Dazu bringt man sie auf den Hauptnenner.

$\frac{17}{30}; \frac{32}{63}; \frac{37}{75}; \frac{61}{120}$ sollen verglichen werden.

- Man sucht den Hauptnenner bzw. das kgV der Nenner. Um das kgV zu finden, kann man die Zerlegung in Primfaktoren (↑ Kap. 2.2) anwenden.

$30 = 2 \cdot 3 \cdot 5$

$63 = 3 \cdot 3 \cdot 7 = 3^2 \cdot 7$

$75 = 3 \cdot 5 \cdot 5 = 3 \cdot 5^2$

$120 = 2 \cdot 2 \cdot 2 \cdot 3 \cdot 5 = 2^3 \cdot 3 \cdot 5$

$\text{kgV}(30; 63; 75; 120) = 2^3 \cdot 3^2 \cdot 5^2 \cdot 7$

$= 12\,600$

- Man ermittelt die Erweiterungszahlen, indem man den Hauptnenner durch die jeweiligen Nenner dividiert. Anschließend erweitert man die Brüche mit den Erweiterungszahlen.

$12\,600 : 30 = 420 \qquad \frac{17}{30} = \frac{17 \cdot 420}{30 \cdot 420} = \frac{7140}{12\,600}$

$12\,600 : 63 = 200 \qquad \frac{32}{63} = \frac{32 \cdot 200}{63 \cdot 200} = \frac{6400}{12\,600}$

$12\,600 : 75 = 168 \qquad \frac{37}{75} = \frac{37 \cdot 168}{75 \cdot 168} = \frac{6216}{12\,600}$

$12\,600 : 120 = 105 \qquad \frac{61}{120} = \frac{61 \cdot 105}{120 \cdot 105} = \frac{6405}{12\,600}$

- Man vergleicht die nun gleichnamigen Brüche miteinander. Der Bruch mit dem kleineren Zähler ist der kleinere.

$\frac{6216}{12\,600} < \frac{6400}{12\,600} < \frac{6405}{12\,600} < \frac{7140}{12\,00}$

Eine gebrochene Zahl hat keinen Vorgänger und keinen Nachfolger.

Zwischen zwei verschiedenen Bruchzahlen gibt es immer unendlich viele weitere Bruchzahlen.

Man sagt: Die Bruchzahlen liegen **dicht.**

$\frac{3}{5} \qquad \frac{4}{5}$

$\frac{6}{10} \qquad \frac{7}{10} \qquad \frac{8}{10}$

$\frac{12}{20} \qquad \frac{13}{20} \quad \frac{14}{20} \quad \frac{15}{20} \qquad \frac{16}{20}$

$\frac{24}{40} \quad \frac{25}{40} \quad \frac{26}{40} \quad \frac{27}{40} \quad \frac{28}{40} \quad \frac{29}{40} \quad \frac{30}{40} \quad \frac{31}{40} \quad \frac{32}{40}$

usw.

Merke: Ein **Nenner 0** ist in jedem Fall **ausgeschlossen.**

Die Division durch 0 ist nicht definiert, man kann also nicht durch 0 teilen. Ein Bruch bedeutet, dass der Zähler durch den Nenner dividiert wird. Deshalb darf der Nenner nicht 0 sein.

ÜBUNG 20 **Erweitere die Brüche $\frac{2}{3}, \frac{4}{5}, \frac{7}{6}, \frac{8}{9}, \frac{12}{7}, \frac{6}{3}, \frac{0}{4}, \frac{11}{11}$ mit …**

a) 2 b) 3 c) 10

ÜBUNG 21 **Erweitere die folgenden Brüche so, dass der entstehende Bruch den in Klammern angegebenen Nenner bekommt.**

a) $\frac{8}{15}$ (30) b) $\frac{2}{3}$ (36) c) $\frac{7}{20}$ (100) d) $\frac{7}{4}$ (28)

e) $\frac{7}{5}$ (80) f) $\frac{15}{15}$ (60) g) $\frac{19}{8}$ (72) h) $\frac{0}{6}$ (24)

ÜBUNG 22 **Die Brüche $\frac{1}{2}, \frac{2}{3}, \frac{3}{4}, \frac{4}{5}, \frac{1}{6}, \frac{4}{12}, \frac{7}{15}, \frac{3}{20}, \frac{7}{30}, \frac{12}{30}$ sollen in Brüche mit den angegebenen Nennern verwandelt werden.**

a) 60 b) 120 c) 180

ÜBUNG 23 **Beantworte die Fragen.**

a) Wie viel Viertel sind ein Halbes?
b) Wie viel Zwölftel sind ein Ganzes?
c) Wie viel Zwanzigstel sind ein Fünftel?
d) Wie viel Fünftel sind drei Ganze?
e) Wie viel Achtel sind drei Viertel?
f) Wie viel Zehntel sind fünf Halbe?
g) Wie viel Hundertstel sind vier Zwanzigstel?

WISSEN

Die Einteilung des Ganzen beim Erweitern und Kürzen
Beim Erweitern erhält man wieder einen Bruch. Dieser steht für den gleichen Anteil wie der ursprüngliche Bruch. **Die Einteilung des Ganzen wird durch das Erweitern verfeinert.**

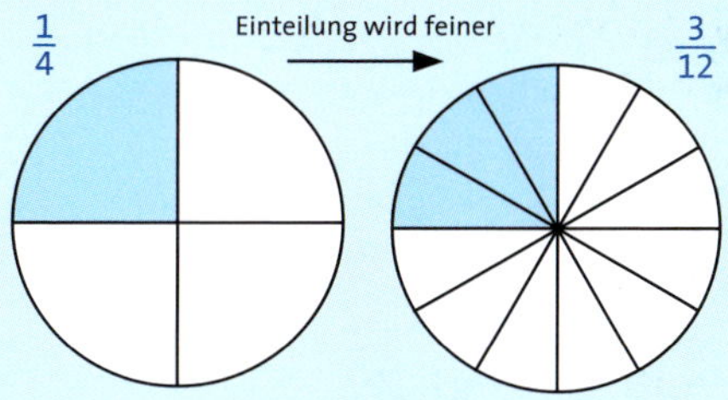

Beim Kürzen erhält man wieder einen Bruch. Dieser steht für den gleichen Anteil wie der ursprüngliche Bruch. **Die Einteilung des Ganzen wird durch das Kürzen gröber.**

Beachte: Ein teilerfremder Bruch lässt sich nicht kürzen.

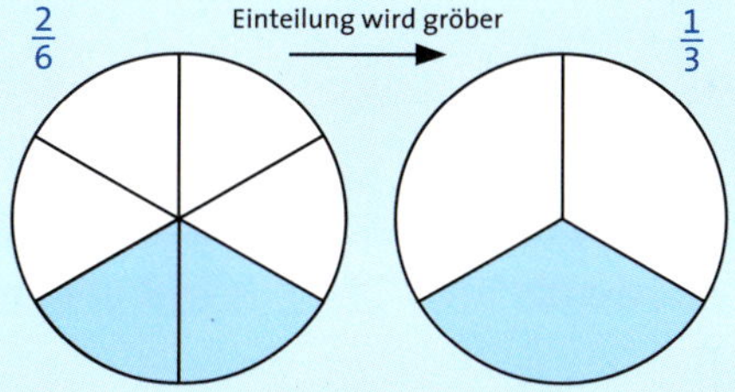

ÜBUNG 24 Der Bruch $\frac{4}{5}$ ist mit verschiedenen Zahlen erweitert worden. Dabei entstanden die Brüche: $\frac{8}{10}$; $\frac{12}{20}$; $\frac{24}{28}$; $\frac{22}{30}$; $\frac{36}{45}$; $\frac{58}{70}$; $\frac{80}{100}$; $\frac{85}{120}$; $\frac{165}{200}$; $\frac{280}{350}$.

Kennzeichne die Brüche, bei denen falsch gerechnet wurde, und korrigiere sie.

ÜBUNG 25 Vereinfache die Brüche so weit wie möglich – so weit, bis du den teilerfremden Bruch erhältst.

a) $\frac{4}{10}$ b) $\frac{20}{35}$ c) $\frac{75}{60}$ d) $\frac{72}{108}$ e) $\frac{36}{41}$

f) $\frac{78}{20}$ g) $\frac{27}{90}$ h) $\frac{14}{161}$ i) $\frac{9}{162}$ j) $\frac{3}{16}$

ÜBUNG 26 Trage den passenden Zähler bzw. den passenden Nenner ein. Mit welcher Zahl wurde insgesamt gekürzt?

a) $\frac{720}{480} = \frac{}{240} = \frac{}{120} = \frac{}{24} = \frac{}{8} = \frac{}{2}$

b) $\frac{144}{252} = \frac{72}{} = \frac{24}{} = \frac{12}{} = \frac{4}{} = \frac{2}{}$

ÜBUNG 27 Ordne die Brüche der Größe nach. Beginne mit der kleinsten Zahl.

a) $\frac{1}{5}$; $\frac{2}{4}$; $\frac{3}{3}$; $\frac{4}{2}$; $\frac{5}{1}$

b) $\frac{97}{136}$; $\frac{41}{68}$; $\frac{19}{34}$; $\frac{9}{17}$; $\frac{59}{85}$; $\frac{3}{4}$; $\frac{40}{51}$

ÜBUNG 28 Die gegebenen Brüche sollen gleichnamig gemacht werden. Suche dazu das kleinste gemeinsame Vielfache der Nenner. Gib bei jeder Teilaufgabe den jeweils kleinsten und größten Bruch an.

a) $\frac{3}{4}$ und $\frac{5}{6}$ b) $\frac{2}{5}$ und $\frac{7}{10}$

c) $\frac{3}{10}$ und $\frac{11}{12}$ d) $\frac{7}{9}$, $\frac{1}{6}$, $\frac{4}{7}$

e) $\frac{1}{4}$, $\frac{1}{6}$, $\frac{4}{5}$, $\frac{1}{8}$, $\frac{7}{9}$ f) $\frac{9}{10}$, $\frac{9}{50}$, $\frac{9}{25}$, $\frac{9}{30}$, $\frac{9}{60}$, $\frac{9}{80}$

ÜBUNG 29 Zwei Bruchzahlen sind auf dem Zahlenstrahl gekennzeichnet. Welcher Bruch liegt genau in der Mitte zwischen beiden Zahlen?

a) 1 und 2 b) 4 und 5 c) $\frac{1}{2}$ und $\frac{3}{4}$

d) $\frac{7}{9}$ und $\frac{8}{9}$ e) $\frac{2}{5}$ und $\frac{3}{5}$

ÜBEN

ÜBUNG 30 **Gib den jeweiligen Anteil mithilfe gekürzter teilerfremder Brüche an.**

a) Hanna hat in der Mathematikarbeit 35 von 40 Punkten erreicht.
b) Von 42 Ferientagen fährt Jonas 14 Tage mit seinen Eltern nach Dänemark.
c) In einer 5. Klasse des Gymnasiums sind von 24 Schülern 15 Mädchen.
d) Von 100 Haushalten haben 24 Haushalte mehr als ein Auto.
e) Ein Buch mit 250 Seiten ist ohne Einband 200 mm dick. Wie dick ist ein Blatt dieses Buches?

ÜBUNG 31 **In die Klassen 5 a und 5 b gehen jeweils gleich viele Schüler. Bei der Schuldisco waren $\frac{5}{8}$ der Schüler der 5 a und $\frac{13}{24}$ der Schüler der 5 b anwesend. Aus welcher Klasse haben mehr Schüler an der Veranstaltung teilgenommen?**

ÜBUNG 32 **Welche Zahlen x erfüllen die folgenden Gleichungen? (Tipp: Verwende Umkehroperationen ↑ Kap. 1.3.)**

a) $\frac{2}{3} = \frac{x}{30}$ b) $\frac{6}{7} = \frac{x}{21}$ c) $\frac{4}{13} = \frac{20}{x}$ d) $\frac{1}{16} = \frac{x}{80}$
e) $\frac{12}{5} = \frac{84}{x}$ f) $\frac{22}{3} = \frac{x}{36}$ g) $\frac{6}{11} = \frac{54}{x}$ h) $\frac{3}{5} = \frac{x}{28}$

ÜBUNG 33 **Bei Roberts Geburtstag bleiben von der Erdbeertorte $\frac{7}{12}$ und von der Blaubeertorte $\frac{9}{16}$ übrig. Von welcher Torte wurde ein größerer Anteil gegessen?**

ÜBUNG 34 **Versuche, den Bruch $\frac{1}{5}$ so zu erweitern, dass in dem neuen Bruch ...**

a) der Zähler um 20 kleiner ist als der Nenner,
b) der Zähler größer ist als der Nenner,
c) der Nenner fünfmal so groß ist wie der Zähler.

ÜBUNG 35 **Beurteile folgende Aussagen auf ihren Wahrheitsgehalt.**

a) Man kann einen Bruch nicht kürzen, wenn im Zähler und im Nenner eines Bruches verschiedene ungerade Zahlen stehen.
b) Einen Bruch kann man nicht kürzen, wenn Zähler und Nenner verschiedene Primzahlen sind.

3.3 Echte und unechte Brüche und gemischte Zahlen

Echte und unechte Brüche

Brüche, bei denen der Zähler kleiner ist als der Nenner, nennt man **echte Brüche.**
Sie sind kleiner als 1 und liegen auf dem Zahlenstrahl links von 1.

Alle anderen Brüche heißen **unechte Brüche.**
Brüche, bei denen **Zähler und Nenner gleich groß sind, markieren die 1.** Sie stellen ein Ganzes dar.
Brüche, bei denen der **Zähler größer ist als der Nenner,** liegen auf dem Zahlenstrahl **rechts von 1.**
Brüche, bei denen **der Zähler ein Vielfaches vom Nenner** ist, stellen **Ganze** dar.

Echte Brüche:
$\frac{2}{3} < 1$; $\frac{1}{5} < 1$; $\frac{5}{12} < 1$ usw.

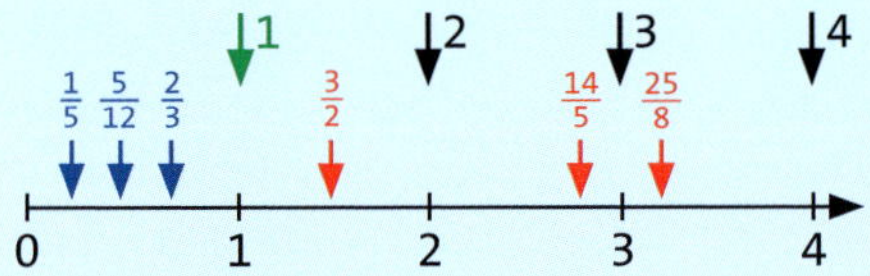

Unechte Brüche:
$\frac{2}{2} = 1$; $\frac{7}{7} = 1$; $\frac{50}{50} = 1$ usw.
$\frac{3}{2} > 1$; $\frac{14}{5} > 1$; $\frac{25}{8} > 1$ usw.
$\frac{4}{2} = 2$; $\frac{21}{7} = 3$; $\frac{200}{50} = 4$ usw.

Gemischte Zahlen

Jede natürliche Zahl lässt sich als Bruch schreiben, z. B.:

$2 = \frac{8}{4}$; $7 = \frac{21}{3}$; $12 = \frac{12}{1} = \frac{60}{5}$ usw.

Umgekehrt lässt sich jedoch nicht jeder Bruch als natürliche Zahl schreiben. Jeder unechte Bruch, der sich nicht als natürliche Zahl schreiben lässt und der größer als 1 ist, kann als **gemischte Zahl** geschrieben werden. Das ist die Summe aus einer natürlichen Zahl und einem Bruch; das Pluszeichen wird nicht geschrieben.

In der Schreibweise als gemischte Zahl lassen sich gebrochene Zahlen leichter vergleichen. So ist sofort zu erkennen, dass $27\frac{7}{9}$ zwischen 27 und 28 liegt. Bei $\frac{250}{9}$ ist dies nicht ohne Rechenschritte möglich.

$\frac{3}{2} = \frac{2}{2} + \frac{1}{2} = 1 + \frac{1}{2} = 1\frac{1}{2}$

Den unechten Bruch $\frac{38}{9}$ kann man als gemischte Zahl schreiben:
$\frac{38}{9} = \frac{36}{9} + \frac{2}{9} = 4 + \frac{2}{9} = 4\frac{2}{9}$

Die gemischte Zahl $2\frac{3}{4}$ bedeutet:
$2\frac{3}{4} = 2 + \frac{3}{4} = \frac{8}{4} + \frac{3}{4} = \frac{11}{4}$

ÜBUNG 36 Verwandle die Brüche in natürliche Zahlen.

a) $\frac{12}{4}; \frac{24}{4}; \frac{64}{4}; \frac{120}{4}$ b) $\frac{14}{7}; \frac{21}{7}; \frac{63}{7}; \frac{105}{7}$ c) $\frac{72}{6}; \frac{64}{8}; \frac{341}{11}; \frac{204}{17}$

ÜBUNG 37 Gib die gemischten Zahlen als unechte Brüche an.

Beispiel: $4\frac{2}{3} = 4 + \frac{2}{3} = \frac{4}{1} + \frac{2}{3} = \frac{4 \cdot 3}{1 \cdot 3} + \frac{2}{3} = \frac{12}{3} + \frac{2}{3} = \frac{14}{3}$

a) $6\frac{2}{5}; 4\frac{3}{8}; 2\frac{11}{12}$ b) $6\frac{1}{4}; 3\frac{1}{5}; 2\frac{39}{50}$

c) $6\frac{1}{3}; 12\frac{4}{11}; 7\frac{1}{7}$ d) $1\frac{2}{7}; 3\frac{5}{6}; 8\frac{5}{22}$

ÜBUNG 38 Schreibe die Brüche als gemischte Zahlen.

Beispiel: $\frac{9}{4}$; 9 : 4 = 2 Rest 1; $\frac{9}{4} = 2 + \frac{1}{4} = 2\frac{1}{4}$

a) $\frac{7}{2}; \frac{13}{6}; \frac{56}{11}; \frac{67}{12}; \frac{407}{100}$ b) $\frac{39}{5}; \frac{39}{7}; \frac{39}{8}; \frac{50}{17}; \frac{6}{5}$

ÜBUNG 39 Gib den echten Bruch an, der in der genannten Bruchzahl enthalten ist.

a) $\frac{17}{10}$ b) $\frac{65}{12}$ c) $\frac{165}{11}$ d) $\frac{163}{18}$ e) $\frac{666}{23}$ f) $\frac{923}{100}$

ÜBUNG 40 Schreibe die Brüche zuerst als gemischte Zahl und vergleiche sie dann. Kannst du immer noch keine Entscheidung über die Anordnung der Brüche treffen, musst du sie gleichnamig machen.

a) $\frac{23}{6}; \frac{31}{8}$ b) $\frac{42}{5}; \frac{830}{81}$ c) $\frac{56}{15}; \frac{86}{23}$

d) $\frac{21}{7}; \frac{74}{25}$ e) $\frac{47}{12}; \frac{31}{8}; \frac{63}{16}$ f) $\frac{39}{6}; \frac{65}{10}; \frac{1625}{250}$

ÜBUNG 41 Gib die Längen in der angegebenen Einheit an.

a) in dm: $2\frac{4}{10}$ m; $\frac{81}{20}$ m; $10\frac{3}{4}$ m; $\frac{6}{25}$ m; $1\frac{7}{50}$ km

b) in cm: $\frac{23}{100}$ m; $2\frac{23}{100}$ m; $12\frac{7}{10}$ m; $3\frac{4}{5}$ dm; $19\frac{1}{2}$ dm

c) in mm: $\frac{7}{20}$ m; $\frac{3}{100}$ m; $2\frac{1}{5}$ cm; $\frac{3}{8}$ cm; $3\frac{5}{6}$ cm

ÜBUNG 42 **Gib die Volumina in der angegebenen Einheit an.**

a) in ml: $\frac{1}{5}$ l; $1\frac{7}{10}$ l; $5\frac{3}{8}$ l; $\frac{1}{125}$ l; $2\frac{1}{125}$ l; $\frac{3}{5000}$ l

b) in l: $\frac{7}{250}$ m³; $3\frac{3}{4}$ m³; $\frac{1}{55}$ m³; $\frac{1}{24}$ m³; $\frac{10}{6}$ dm³; $\frac{35}{8}$ dm³

ÜBUNG 43 **Gib die gefragten Brüche an:**

a) alle echten Brüche mit dem Nenner 5,
b) alle echten Brüche mit dem Nenner 9,
c) alle unechten Brüche mit dem Nenner 12.

ÜBUNG 44 **Handelt es sich um echte oder unechte Brüche? Begründe deine Meinung.**

a) $\frac{3}{5}; \frac{7}{12}; \frac{5}{5}; \frac{16}{4}; \frac{11}{11}; \frac{10}{11}; \frac{11}{10}; \frac{9}{1}$

b) $\frac{a}{1}; \frac{1}{a}; \frac{4 \cdot a}{a}; \frac{1}{3 \cdot a}$ $(a > 1)$

c) $\frac{b+1}{b}; \frac{b}{b+5}$ $(b > 0)$

WISSEN

Zahlenbereiche

Alle Zahlen, die als Bruch dargestellt werden können, fasst man zum **Bereich der Bruchzahlen** $\mathbb{Q}^+$ (oft auch gebrochene Zahlen genannt) zusammen.

Zu diesem Bereich gehören auch die natürlichen Zahlen $\mathbb{N} = \{0, 1, 2, 3 \ldots\}$, da sich diese auch als Bruch schreiben lassen,

z. B. $5 = \frac{5}{1} = \frac{10}{2} = \frac{15}{3} = \ldots$

Im Bereich der natürlichen Zahlen kann nicht jede Zahl durch jede andere Zahl dividiert werden, 3 : 5 ist beispielsweise im Bereich der natürlichen Zahlen nicht lösbar. Im Bereich der Bruchzahlen jedoch existiert eine Lösung: $3 : 5 = \frac{3}{5}$.

Die natürlichen Zahlen sind eine Teilmenge der Menge der Bruchzahlen.

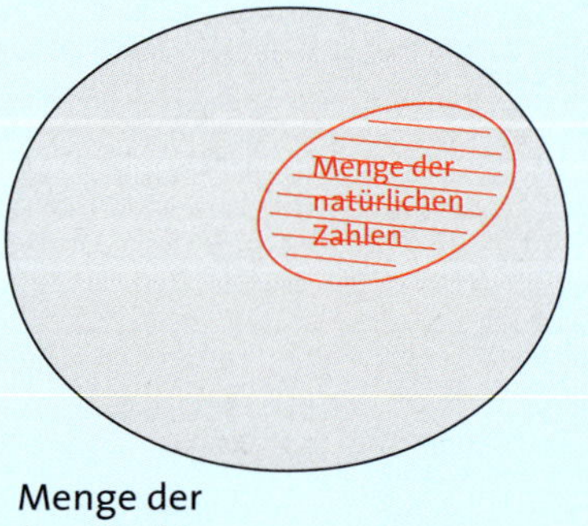

Menge der Bruchzahlen

ÜBEN

Thementest 1

45 Minuten

AUFGABE 1 **Suche für die folgenden Brüche die zugehörigen Punkte auf dem Zahlenstrahl.**

$\frac{2}{3}, \frac{6}{24}, \frac{4}{6}, \frac{5}{6}, \frac{6}{6}, \frac{10}{10}, \frac{9}{18}, \frac{4}{12}, \frac{5}{12}, \frac{25}{24}$

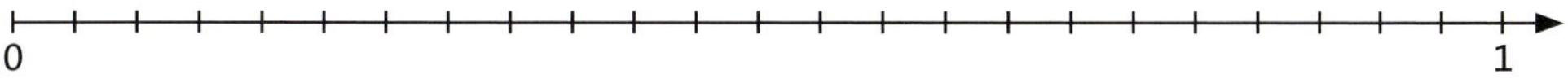

AUFGABE 2 **Kürze die folgenden Brüche so weit wie möglich.**

a) $\frac{15}{25}$ b) $\frac{56}{64}$ c) $\frac{88}{121}$ d) $\frac{70}{105}$ e) $\frac{39}{65}$

f) $\frac{11}{36}$ g) $\frac{12}{36}$ h) $\frac{6 \cdot 12}{8 \cdot 18}$ i) $\frac{4 \cdot 9}{18 \cdot 20}$ j) $\frac{2 \cdot 11}{22 \cdot 5 \cdot 16}$

AUFGABE 3 **Was ist mehr?**

a) $\frac{5}{7}$ von 21 kg oder $\frac{1}{2}$ von 30 kg?

b) $\frac{1}{2}$ von 12 l oder $\frac{1}{2}$ von 11 l?

c) $\frac{3}{4}$ von 8 km oder $\frac{2}{3}$ von 12 km?

d) $\frac{3}{8}$ von 48 m^2 oder $\frac{1}{4}$ von 76 m^2?

AUFGABE 4 **Richtig oder falsch? Überprüfe und korrigiere gegebenenfalls.**

a) $\frac{3}{4} = \frac{15}{20}$ b) $\frac{50}{1000} = \frac{2}{40}$ c) $\frac{43}{20} = \frac{170}{80}$

d) $\frac{32}{12} = \frac{69}{36}$ e) $\frac{0}{6} = \frac{0}{7}$ f) $\frac{14}{11} = 1\frac{19}{66}$

AUFGABE 5 **Beim Schulsportfest gewannen $\frac{2}{5}$ der Schüler von der 7 a, $\frac{3}{8}$ von der 7 b und $\frac{3}{10}$ von der 7 c eine Medaille. Welche Klasse war bei der Veranstaltung am erfolgreichsten?**

TESTEN

Thementest 2

45 Minuten

AUFGABE 6 **Suche die zugehörigen Punkte auf dem Zahlenstrahl.**

$\frac{5}{10}, \frac{11}{10}, \frac{3}{5}, \frac{6}{5}, \frac{9}{10}, \frac{4}{4}, \frac{3}{4}, \frac{1}{5}, \frac{7}{10}, \frac{7}{20}, \frac{13}{10}$

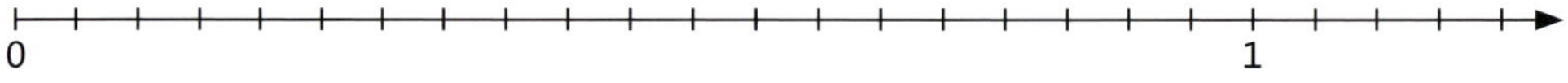

AUFGABE 7 **Erweitere die Brüche mit 2, 3, 15, 24 und 30.**

$\frac{1}{2}, \frac{2}{3}, \frac{7}{10}, \frac{8}{15}, \frac{19}{12}, \frac{5}{5}$

AUFGABE 8 **Kürze die folgenden Brüche so weit wie möglich.**

a) $\frac{5}{25}$ b) $\frac{16}{64}$ c) $\frac{55}{121}$ d) $\frac{70}{82}$

e) $\frac{24}{36}$ f) $\frac{12}{66}$ g) $\frac{5 \cdot 12}{8 \cdot 35}$ h) $\frac{22 \cdot 11}{33 \cdot 5 \cdot 38}$

AUFGABE 9 **Wandle in gemischte Zahlen bzw. in unechte Brüche um.**

a) $\frac{7}{3}$ b) $\frac{16}{5}$ c) $\frac{24}{6}$ d) $\frac{59}{7}$

e) $\frac{37}{12}$ f) $2\frac{3}{5}$ g) $12\frac{3}{8}$ h) $5\frac{3}{14}$

AUFGABE 10 **Bestimme die jeweiligen Anteile.**

a) $\frac{4}{5}$ von 120 m b) $\frac{3}{20}$ von 280 kg c) $\frac{4}{3}$ von 60 m

d) $\frac{123}{100}$ von 1 t e) $\frac{5}{9}$ von 630 m^3 f) $\frac{17}{30}$ von 720 ml

AUFGABE 11 **Bei einer Verkehrskontrolle wurden bei 122 von 732 überprüften Pkw Mängel festgestellt.**

a) Gib den Anteil als teilerfremden Bruch an.
b) Von den restlichen Fahrzeugen war $\frac{1}{10}$ mit Winterreifen ausgerüstet, obwohl bereits April war. Wie viele Autos fuhren schon mit Sommerreifen?

Thementest 3

45 Minuten

AUFGABE 12 **Welche Anteile sind gekennzeichnet?**

a) 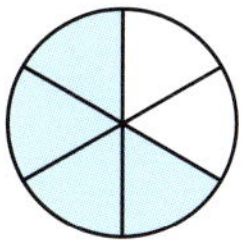

b) 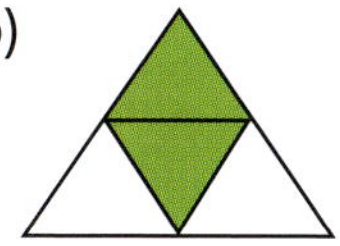

c) 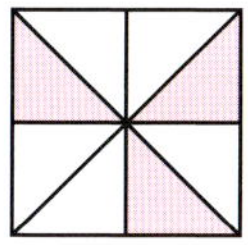

d) 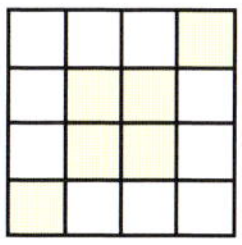

e) 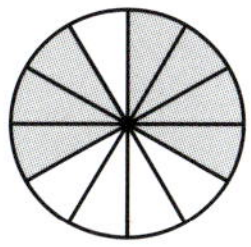

f) 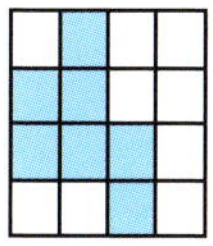

AUFGABE 13 **Zeichne vier Zahlenstrahlen von 0 bis 2 ($\frac{1}{10}$ entspricht einem Kästchen bzw. $\frac{1}{2}$ cm) untereinander und trage folgende Brüche ein.**

a) $\frac{1}{4}, \frac{2}{4}, \frac{3}{4}$ usw.

b) $\frac{1}{5}, \frac{2}{5}, \frac{3}{5}$ usw.

c) $\frac{1}{10}, \frac{2}{10}, \frac{3}{10}$ usw.

d) Schreibe auf, welche Brüche gleich sind.

AUFGABE 14 **Erweitere die Brüche auf den angegebenen Zähler bzw. Nenner.**

a) $\frac{2}{5} = \frac{\square}{25}$

b) $\frac{3}{14} = \frac{\square}{98}$

c) $\frac{5}{11} = \frac{\square}{220}$

d) $\frac{5}{3} = \frac{60}{\square}$

e) $3\frac{2}{5} = \frac{68}{\square}$

f) $\frac{0}{9} = \frac{\square}{36}$

g) $\frac{12}{55} = \frac{72}{\square}$

h) $2\frac{3}{4} = \frac{55}{\square}$

AUFGABE 15 **Kürze so weit wie möglich. Mit welcher Zahl hast du jeweils insgesamt gekürzt?**

a) $\frac{120}{360}$

b) $\frac{200}{450}$

c) $\frac{340}{250}$

d) $\frac{216}{168}$

e) $\frac{208}{176}$

f) $\frac{125}{875}$

AUFGABE 16 **In die Klasse 6 b gehen 24 Schüler. Gib den jeweiligen Anteil mithilfe gekürzter teilerfremder Brüche an.**

a) 12 Schüler der Klasse sind Jungen.
b) In der Mathematikarbeit haben 6 Schüler eine Eins geschrieben.
c) An der Klassenfahrt nehmen 22 Schüler teil.
d) 15 Schüler nehmen an der Schulspeisung teil.

AUFGABE 17 **Gib drei verschiedene echte Brüche mit dem Nenner 30 an, die sich …**

a) nicht mehr kürzen lassen,

b) nur mit 2 kürzen lassen,

c) nur mit 2 oder 3 kürzen lassen,

d) nur mit 3 und 5 kürzen lassen.

4

Rechnen mit Bruchzahlen

4.1 Addieren und Subtrahieren

Gleichnamige Brüche

Man addiert gleichnamige Brüche, indem man die Zähler addiert und den Nenner beibehält.

$\frac{a}{c} + \frac{b}{c} = \frac{a+b}{c}$

$\frac{2}{8} + \frac{5}{8} = \frac{2+5}{8} = \frac{7}{8}$

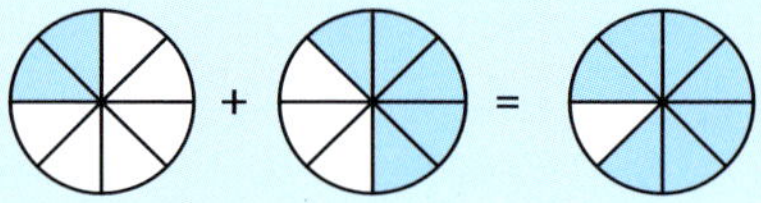

Man subtrahiert gleichnamige Brüche, indem man die Zähler subtrahiert und den Nenner beibehält.

$\frac{a}{c} - \frac{b}{c} = \frac{a-b}{c}$

$\frac{8}{10} - \frac{5}{10} = \frac{8-5}{10} = \frac{3}{10}$

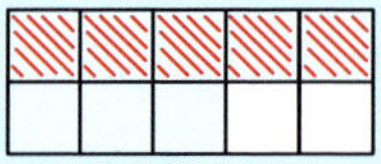

Das Ergebnis einer Rechnung mit Bruchzahlen wird so weit wie möglich gekürzt.

$\frac{5}{20} + \frac{11}{20} = \frac{5+11}{20} = \frac{16}{20} = \frac{4}{5}$ (↑ 4)

Ungleichnamige Brüche

Sind die Brüche nicht gleichnamig, haben sie also unterschiedliche Nenner, geht man beim Addieren und Subtrahieren so vor:

Bruchzahlen werden addiert, indem man
1. die Brüche gleichnamig macht und
2. die gleichnamigen Brüche addiert.

$\frac{1}{2} + \frac{1}{3} = \frac{1 \cdot 3}{2 \cdot 3} + \frac{1 \cdot 2}{3 \cdot 2} = \frac{3}{6} + \frac{2}{6} = \frac{3+2}{6} = \frac{5}{6}$

$\frac{7}{12} + \frac{5}{8} = \frac{7 \cdot 2}{12 \cdot 2} + \frac{5 \cdot 3}{8 \cdot 3} = \frac{14+15}{24} = \frac{29}{24}$

Bruchzahlen werden subtrahiert, indem man
1. die Brüche gleichnamig macht und
2. die gleichnamigen Brüche subtrahiert.

$\frac{3}{4} - \frac{3}{10} = \frac{3 \cdot 5}{4 \cdot 5} - \frac{3 \cdot 2}{10 \cdot 2} = \frac{15-6}{20} = \frac{9}{20}$

$\frac{5}{8} - \frac{1}{12} = \frac{5 \cdot 3}{8 \cdot 3} - \frac{1 \cdot 2}{12 \cdot 2} = \frac{15-2}{24} = \frac{13}{24}$

ÜBUNG 1 **Berechne. Kürze das Ergebnis, wenn möglich.**

a) $\frac{4}{5} - \frac{2}{5}$ b) $\frac{1}{6} + \frac{2}{6}$ c) $\frac{7}{8} - \frac{3}{8}$ d) $\frac{7}{12} + \frac{2}{12}$ e) $\frac{7}{40} + \frac{13}{40}$

f) $\frac{17}{50} - \frac{7}{50}$ g) $\frac{1}{8} + \frac{3}{8} + \frac{4}{8}$ h) $\frac{5}{16} + \frac{13}{16}$ i) $\frac{9}{10} - \frac{3}{10} - \frac{6}{10}$ j) $\frac{17}{20} - \frac{11}{20}$

ÜBUNG 2 **Berechne $\frac{1}{8}$ kg + $\frac{5}{8}$ kg …**

a) durch Umrechnen der Angaben in Gramm,
b) durch Addition der Brüche.

ÜBUNG 3 **Berechne die Aufgaben in deinem Übungsheft.**

a) $\frac{2}{3} + \frac{1}{4}$ b) $\frac{1}{6} + \frac{2}{5}$ c) $\frac{7}{9} + \frac{3}{8}$ d) $\frac{3}{7} + \frac{5}{4}$ e) $\frac{5}{12} + \frac{3}{5}$

f) $\frac{17}{42} - \frac{3}{14}$ g) $\frac{7}{15} - \frac{1}{12}$ h) $\frac{13}{10} - \frac{2}{15}$ i) $\frac{2}{5} + \frac{7}{20}$ j) $\frac{3}{13} + \frac{5}{4}$

ÜBUNG 4 **Berechne die Differenzen und kürze, wenn möglich.**

a) $\frac{12}{15} - \frac{3}{20}$ b) $\frac{8}{5} - \frac{7}{12}$ c) $\frac{34}{14} - 1\frac{1}{4}$ d) $2\frac{5}{6} - \frac{7}{8}$

ÜBUNG 5 **Berechne die Aufgaben mit drei möglichen gemeinsamen Nennern. Kennzeichne den Hauptnenner. Überprüfe und vergleiche die Ergebnisse.**

	1. Nenner	**2. Nenner**	**3. Nenner**
a) $\frac{1}{2} + \frac{2}{5}$	$\frac{5+4}{10} = \frac{9}{10}$	$\frac{\quad}{20} = \frac{\quad}{\quad}$	$\frac{\quad}{50} = \frac{\quad}{\quad}$
b) $\frac{3}{4} + \frac{5}{6}$	$\frac{\quad}{\quad} = \frac{\quad}{\quad}$	$\frac{\quad}{\quad} = \frac{\quad}{\quad}$	$\frac{\quad}{\quad} = \frac{\quad}{\quad}$
c) $\frac{5}{8} - \frac{2}{9}$	$\frac{\quad}{\quad} = \frac{\quad}{\quad}$	$\frac{\quad}{\quad} = \frac{\quad}{\quad}$	$\frac{\quad}{\quad} = \frac{\quad}{\quad}$

ÜBUNG 6 **Der Tank eines Schiffsmodells war mit 2 l Treibstoff gefüllt. Davon wurden $\frac{5}{8}$ l verbraucht. Wie viel Liter sind noch im Tank?**

ÜBUNG 7 **Lucas hat auf dem Markt $2\frac{1}{2}$ kg Kartoffeln, $1\frac{1}{4}$ kg Tomaten, $\frac{3}{4}$ kg grüne Bohnen, $\frac{1}{2}$ kg Erdbeeren und $\frac{3}{8}$ kg Kirschen eingekauft. Wie viel Kilogramm muss er nach Hause tragen?**

ÜBEN

WISSEN

Das Addieren und Subtrahieren von gemischten Zahlen
Gemischte Zahlen kann man addieren oder subtrahieren, indem man sie vorher in Brüche umwandelt.
Schneller geht es oft, wenn man die Ganzen wie natürliche Zahlen addiert bzw. subtrahiert und die Brüche für sich addiert bzw. subtrahiert.

$2\frac{2}{5} + 4\frac{3}{8} = \frac{12}{5} + \frac{35}{8} = \frac{96 + 175}{40} = \frac{271}{40} = 6\frac{31}{40}$

oder:

$2\frac{2}{5} + 4\frac{3}{8} = 6\frac{16 + 15}{40} = 6\frac{31}{40}$

Ist das Ergebnis beim Addieren der Brüche in gemischten Zahlen größer als 1, dann wird ein Ganzes abgespalten und den anderen Ganzen zugeschlagen.

$3\frac{3}{4} + 1\frac{5}{6} = 4\frac{9 + 10}{12} = 4\frac{19}{12} = 4\frac{12 + 7}{12} = 5\frac{7}{12}$

denn: $4 + \frac{12}{12} = 4 + 1 = 5$

Entsprechend wird beim Subtrahieren der Brüche in gemischten Zahlen ein Ganzes zum Minuenden hinzugegeben, wenn der Subtrahend größer als der Minuend ist.

$5\frac{3}{8} - 2\frac{5}{6} = 3\frac{9 - 20}{24} = 2\frac{24 + 9 - 20}{24} = 2\frac{13}{24}$

denn: $3 = 2 + 1 = 2 + \frac{24}{24}$

ÜBUNG 8 **Gib das Ergebnis als unechten Bruch und gemischte Zahl an.**

a) $3\frac{5}{8} + 2\frac{3}{4} + \frac{19}{2} + 10\frac{1}{8}$
b) $\frac{31}{10} + 3\frac{5}{12} - \frac{11}{9}$
c) $\frac{15}{8} + 5\frac{5}{6} - 2\frac{1}{9} - \frac{3}{2}$
d) $6\frac{23}{100} + 13\frac{13}{30} - 5\frac{7}{20}$
e) $3\frac{7}{8} + \frac{12}{9} - 1\frac{4}{15}$
f) $1\frac{1}{10} - \frac{1}{100} - \frac{1}{1000}$

ÜBUNG 9 **In der Zahlenmauer werden die Zahlen von benachbarten Flächen addiert und das Ergebnis in das Feld darüber eingetragen. Welche Zahlen gehören in die noch leeren Felder?**

a)

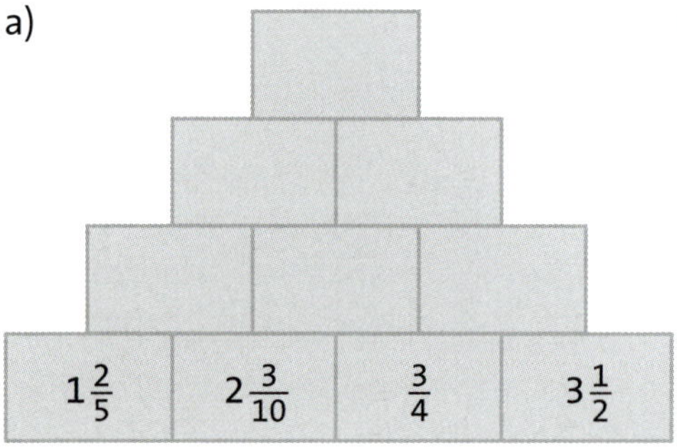

b)

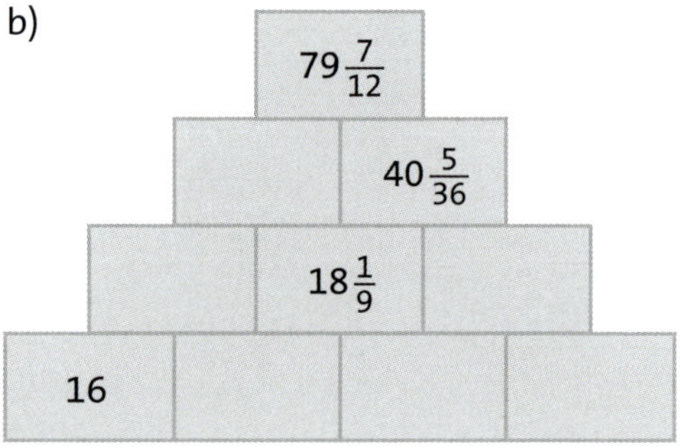

ÜBEN

ÜBUNG 10 **Der Tankwagen einer Molkerei kann 12 t Milch transportieren.**

a) An 4 Stationen wird Milch zugeladen: $3\frac{2}{3}$ t, $2\frac{3}{5}$ t, $1\frac{1}{2}$ t und 1800 kg. Wie viel Milch kann der Wagen an der 5. Station noch laden?

b) Auf der Fahrt zur 5. Station läuft eine Kuh über die Straße. Der Fahrer weicht aus, und der Tankwagen kippt um. Zwar passiert dem Fahrer und der Kuh nichts, aber $1\frac{3}{8}$ t Milch laufen auf die Straße. Wie viel Kilogramm Milch muss die Feuerwehr von der Straße entfernen?

c) Wie viel Milch ist nach dem Unfall noch im Tankwagen, wenn außerdem auch noch $2\frac{1}{4}$ t auf die Wiese laufen?

ÜBUNG 11 **Bearbeite die Aufgaben in deinem Übungsheft.**

a) Um wie viel ist $\frac{23}{15}$ größer als $\frac{15}{15}$?

b) Gegeben sind die Zahlen $\frac{37}{80}$ und $\frac{53}{80}$. Subtrahiere die kleinere Zahl von der größeren.

c) Für welche natürlichen Zahlen n ist die Aufgabe $\frac{5}{11} - \frac{n}{11}$ lösbar?

ÜBUNG 12 **Schreibe mit Klammern und rechne aus.**

a) Addiere zur Summe der Zahlen $\frac{5}{3}$ und $\frac{5}{6}$ die Zahl $\frac{5}{7}$.

b) Subtrahiere $\frac{1}{2}$ von der Summe der Zahlen $\frac{5}{3}$ und $2\frac{3}{4}$.

c) Addiere zu $\frac{2}{5}$ die Differenz der Zahlen $\frac{7}{2}$ und $1\frac{1}{10}$.

d) Subtrahiere $\frac{1}{6}$ von der Differenz der Zahlen $\frac{7}{12}$ und $\frac{1}{8}$.

e) Addiere $\frac{1}{3}$ zur Differenz der Zahlen $\frac{6}{5}$ und $\frac{7}{10}$.

f) Subtrahiere die Differenz von $8\frac{3}{4}$ und $\frac{22}{5}$ von der Summe von $3\frac{3}{5}$ und $6\frac{2}{3}$.

ÜBUNG 13 **Bestimme alle Bruchzahlen n, für die gilt:**

a) $n + 0 = n$	b) $0 + n = \frac{6}{7}$	c) $n - 0 = \frac{2}{5}$
d) $n - 0 = n$	e) $n - n = 0$	f) $0 - n = 0$
g) $n - n = \frac{3}{10}$	h) $0 - n = \frac{7}{9}$	

ÜBEN

4.2 Multiplizieren und Dividieren

Vervielfachen und Teilen von Brüchen

Gemeine Brüche werden vervielfacht, d. h. mit natürlichen Zahlen multipliziert, indem man **nur** den Zähler multipliziert. Der Nenner bleibt erhalten.

$5 \cdot \frac{2}{7} = \frac{5 \cdot 2}{7} = \frac{10}{7}$

$\frac{21}{16} \cdot 10 = \frac{21 \cdot 10}{16} = \frac{21 \cdot 5}{8} = \frac{105}{8} = 13\frac{1}{8}$

Kürzen mit 2

Gemeine Brüche werden durch natürliche Zahlen geteilt, indem man den Nenner mit der natürlichen Zahl multipliziert.

$\frac{5}{8} : 3 = \frac{5}{8 \cdot 3} = \frac{5}{24}$

$\frac{8}{9} : 4 = \frac{8}{9 \cdot 4} = \frac{4}{9 \cdot 2} = \frac{2}{9}$

Kürzen mit 2

Hinweis: Wenn der Zähler sich durch die Zahl teilen lässt, der Zähler also ein Vielfaches der Zahl ist, kann man den Zähler durch die natürliche Zahl teilen und den Nenner beibehalten.

Schneller geht es so:

$\frac{8}{9} : 4 = \frac{8 : 4}{9} = \frac{2}{9}$

Multiplizieren von Brüchen

Gemeine Brüche werden multipliziert, indem man
1. die Zähler der Brüche multipliziert und
2. die Nenner der Brüche multipliziert.

$\frac{a}{b} \cdot \frac{c}{d} = \frac{a \cdot c}{b \cdot d}$ (a, b, c, d $\in \mathbb{N}$; b, d $\neq 0$)

$\frac{2}{3} \cdot \frac{4}{5} = \frac{2 \cdot 4}{3 \cdot 5} = \frac{8}{15}$

$\frac{4}{5} \cdot \frac{10}{18} \cdot \frac{3}{8} = \frac{4 \cdot 10 \cdot 3}{5 \cdot 18 \cdot 8} = \frac{120}{720} = \frac{1}{6}$

Kürzen mit 120

Hinweis: Wenn möglich, kürzt man zuerst. Das macht das Rechnen einfacher.

Günstiger ist es, wenn man schon während des Rechnens kürzt:

$\frac{4}{5} \cdot \frac{10}{18} \cdot \frac{3}{8} = \frac{\overset{1}{\cancel{4}} \cdot \overset{\overset{1}{\cancel{2}}}{\cancel{10}} \cdot \overset{1}{\cancel{3}}}{\underset{1}{\cancel{5}} \cdot \underset{\underset{3}{\cancel{6}}}{\cancel{18}} \cdot \underset{2}{\cancel{8}}} = \frac{1}{6}$

Sind beim Multiplizieren von Brüchen einer oder mehrere Faktoren natürliche Zahlen, werden diese in Brüche umgeformt.

$\frac{5}{6} \cdot 7 \cdot \frac{1}{2} = \frac{5}{6} \cdot \frac{7}{1} \cdot \frac{1}{2} = \frac{35}{12} = 2\frac{11}{12}$

Auch gemischte Zahlen werden vor dem Multiplizieren in gemeine Brüche umgewandelt.

$2\frac{4}{5} \cdot 5\frac{1}{3} = \frac{14}{5} \cdot \frac{16}{3} = \frac{14 \cdot 16}{5 \cdot 3} = \frac{224}{15} = 14\frac{14}{15}$

Beachte: Die Multiplikation von Bruchzahlen ist immer ausführbar. Zu je zwei Bruchzahlen gibt es genau eine Bruchzahl, die deren Produkt ist.

Berechnen von Anteilen

Beim Berechnen eines Anteils von einem Anteil wird multipliziert. Das Wort „von“ steht hier für das Malzeichen.

$\frac{5}{8}$ von $\frac{7}{10}$ kg sollen bestimmt werden:

$\frac{5}{8} \cdot \frac{7}{10} = \frac{7}{16}$; $\frac{5}{8}$ von $\frac{7}{10}$ kg sind also $\frac{7}{16}$ kg.

Dividieren von Brüchen

Den **Kehrwert** eines Bruches erhält man, indem man Zähler und Nenner des Bruches vertauscht. Man spricht auch vom **Reziproken** des Bruches.

$\frac{3}{7}$ ist der Kehrwert des Bruches $\frac{7}{3}$.

$\frac{1}{5}$ ist der Kehrwert von $\frac{5}{1}$, also von der Zahl 5.

Zwei gemeine Brüche werden dividiert, indem man
1. den Kehrwert des Divisors bildet und
2. den Dividenden mit diesem Kehrwert multipliziert.

$\frac{a}{b} : \frac{c}{d} = \frac{a}{b} \cdot \frac{d}{c} = \frac{a \cdot d}{b \cdot c}$ (a, b, c, d ∈ ℕ; b, c, d ≠ 0)

$\frac{3}{5} : \frac{7}{4} = \frac{3}{5} \cdot \frac{4}{7} = \frac{3 \cdot 4}{5 \cdot 7} = \frac{12}{35}$

$\frac{3}{4} : 5 = \frac{3}{4} : \frac{5}{1} = \frac{3}{4} \cdot \frac{1}{5} = \frac{3 \cdot 1}{4 \cdot 5} = \frac{3}{20}$

Merke: Zwei gemeine Brüche werden dividiert, indem man den Dividenden mit dem Kehrwert des Divisors multipliziert.

Sind beim Dividieren von Brüchen einer oder mehrere Faktoren natürliche Zahlen, werden diese in Brüche umgeformt.

$4 : \frac{3}{7} = \frac{4}{1} : \frac{3}{7} = \frac{4}{1} \cdot \frac{7}{3} = \frac{4 \cdot 7}{1 \cdot 3} = \frac{28}{3}$

$0 : \frac{5}{6} = 0 \cdot \frac{6}{5} = 0$

Gemischte Zahlen müssen vor dem Dividieren in gemeine Brüche umgewandelt werden.

$3\frac{5}{8} : 1\frac{4}{7} = \frac{29}{8} : \frac{11}{7} = \frac{29 \cdot 7}{8 \cdot 11} = \frac{203}{88} = 2\frac{27}{88}$

Beachte: Zwei beliebige Bruchzahlen haben stets genau eine Bruchzahl als Quotienten. Auch beim Dividieren von Brüchen muss der Divisor verschieden von 0 sein.

Ein **Doppelbruch** ist ein Bruch, bei dem Zähler und Nenner Brüche sind. Somit kann man ihn als Division von Brüchen schreiben und ebenfalls berechnen, indem man den Dividenden mit dem Kehrwert des Divisors multipliziert.

$\frac{\frac{5}{12}}{\frac{13}{36}} = \frac{5}{12} : \frac{13}{36} = \frac{5}{12} \cdot \frac{36}{13} = \frac{5 \cdot 36}{12 \cdot 13} = \frac{15}{13} = 1\frac{2}{13}$

$\frac{\frac{1}{20}}{\frac{6}{25}} = \frac{1}{20} : \frac{6}{25} = \frac{1}{20} \cdot \frac{25}{6} = \frac{1 \cdot 25}{20 \cdot 6} = \frac{5}{24}$

WISSEN

ÜBUNG 14 **Schreibe als Multiplikationsaufgabe und berechne.**

a) $\frac{2}{7}+\frac{2}{7}+\frac{2}{7}+\frac{2}{7}+\frac{2}{7}$ b) $\frac{3}{8}+\frac{3}{8}+\frac{3}{8}+\frac{3}{8}+\frac{3}{8}+\frac{3}{8}+\frac{3}{8}$

c) $\frac{4}{9}+\frac{4}{9}+\frac{4}{9}+\frac{4}{9}+\frac{4}{9}+\frac{4}{9}$ d) $\frac{3}{5}+\frac{3}{5}+\frac{3}{5}+\frac{3}{5}+\frac{3}{5}$

ÜBUNG 15 **Mit welcher natürlichen Zahl muss der gegebene Bruch multipliziert werden, damit das Ergebnis eine natürliche Zahl ist? Gibt es mehrere Möglichkeiten? Kannst du deine Überlegungen erklären?**

a) $\frac{3}{5}$ b) $\frac{7}{9}$ c) $\frac{8}{11}$ d) $\frac{14}{15}$ e) $\frac{1}{12}$ f) $\frac{16}{25}$ g) $\frac{11}{6}$ h) $\frac{73}{24}$

ÜBUNG 16 **Berechne.**

a) Am Kiosk wird Cola nur in Flaschen zu $\frac{3}{10}$ l verkauft. Wie viele Flaschen muss Svenja mindestens kaufen, um ein Vielfaches von ganzen Litern zu erhalten?

b) Wie viel Liter sind insgesamt in 5 Flaschen enthalten?

ÜBUNG 17 **Berechne die Produkte. Kürze vor dem Rechnen, wenn möglich.**

a) $\frac{1}{2}\cdot\frac{3}{5}$ b) $\frac{4}{7}\cdot\frac{2}{9}$ c) $\frac{5}{6}\cdot\frac{7}{11}$ d) $\frac{5}{12}\cdot\frac{4}{7}$

e) $\frac{5}{9}\cdot\frac{15}{20}$ f) $\frac{7}{12}\cdot\frac{4}{7}$ g) $\frac{21}{25}\cdot\frac{10}{15}$ h) $\frac{3}{20}\cdot\frac{8}{9}\cdot\frac{1}{2}$

ÜBUNG 18 **Schreibe als Produkt und berechne dann.**

Beispiel: $\frac{2}{5}$ von $\frac{5}{12}$ ist $\frac{2}{5}\cdot\frac{5}{12}=\frac{1}{6}$

a) $\frac{2}{3}$ von $\frac{7}{8}$ b) $\frac{1}{2}$ von $\frac{5}{6}$ c) $\frac{3}{5}$ von $\frac{3}{10}$

d) $\frac{1}{6}$ von $\frac{12}{19}$ e) $\frac{2}{9}$ von $\frac{18}{7}$ f) $\frac{3}{8}$ von $\frac{4}{5}$

ÜBUNG 19 **Berechne die Quotienten. Kürze, wenn möglich.**

a) $\frac{3}{4}:\frac{2}{3}$ b) $\frac{5}{7}:\frac{2}{7}$ c) $\frac{4}{9}:\frac{2}{9}$ d) $\frac{8}{11}:\frac{5}{22}$

e) $\frac{3}{10}:\frac{7}{20}$ f) $\frac{10}{17}:\frac{4}{85}$ g) $\frac{12}{7}:\frac{3}{14}$ h) $2\frac{8}{9}:3\frac{1}{3}$

i) $5\frac{5}{9}:1\frac{7}{18}$ j) $6:2\frac{5}{6}$ k) $12\frac{3}{4}:17$ l) $\frac{57}{100}:2\frac{3}{8}$

m) $\frac{1}{9}:\frac{1}{9}$ n) $\frac{5}{13}:\frac{5}{26}$ o) $\frac{4}{5}:\frac{18}{19}$ p) $5\frac{5}{12}:2\frac{2}{3}$

ÜBEN

ÜBUNG 20 Vervollständige die Rechnungen. Gib als Lösung stets den vollständig gekürzten Bruch an.

a) $\frac{15}{38} \cdot \square = \frac{3}{2}$
b) $\frac{6}{7} \cdot \square = \frac{10}{21}$
c) $\square \cdot \frac{3}{11} = \frac{3}{2}$
d) $\frac{12}{23} \cdot \frac{3}{4} = \square$
e) $\frac{6}{5} \cdot \square = \frac{13}{15}$
f) $\square \cdot \frac{10}{3} = 8$
g) $3\frac{5}{9} \cdot \square = \frac{32}{45}$
h) $\frac{7}{33} \cdot \frac{22}{7} = \square$
i) $\square \cdot \frac{7}{16} = \frac{7}{18}$

WISSEN

Potenzen von Bruchzahlen

Auch beim Rechnen mit Brüchen nennt man das Multiplizieren von Zahlen mit sich selbst **Potenzieren.** Der Exponent gibt an, wie oft die Basis mit sich selbst multipliziert wird.
Für Bruchzahlen gelten dieselben Rechenregeln wie für natürliche Zahlen (↑ Kap. 1.2).

$$\left(\frac{2}{3}\right)^4 = \left(\frac{2}{3}\right) \cdot \left(\frac{2}{3}\right) \cdot \left(\frac{2}{3}\right) \cdot \left(\frac{2}{3}\right) = \frac{16}{81}$$

$$\left(\frac{1}{5}\right)^3 = \left(\frac{1}{5}\right) \cdot \left(\frac{1}{5}\right) \cdot \left(\frac{1}{5}\right) = \frac{1}{125}$$

$$\left(2\frac{1}{4}\right)^3 = \left(\frac{9}{4}\right)^3 = \left(\frac{9}{4}\right) \cdot \left(\frac{9}{4}\right) \cdot \left(\frac{9}{4}\right) = \frac{729}{64} = 11\frac{25}{64}$$

ÜBUNG 21 Schreibe die Potenzen zuerst als Produkte und berechne sie dann.

a) $\left(\frac{2}{5}\right)^3$ b) $\left(\frac{1}{6}\right)^4$ c) $\left(\frac{8}{9}\right)^2$ d) $\left(\frac{1}{3}\right)^4$ e) $\left(\frac{1}{2}\right)^6$ f) $\left(\frac{5}{12}\right)^3$

ÜBUNG 22 Schreibe die Produkte jeweils als Potenz. Berechne sie.

a) $\frac{2}{5} \cdot \frac{2}{5} \cdot \frac{2}{5} \cdot \frac{2}{5}$
b) $\frac{1}{3} \cdot \frac{1}{3} \cdot \frac{1}{3} \cdot \frac{1}{3} \cdot \frac{1}{3}$
c) $\frac{3}{4} \cdot \frac{3}{4} \cdot \frac{3}{4}$
d) $\frac{5}{9} \cdot \frac{5}{9} \cdot \frac{1}{4}$
e) $\frac{2}{7} \cdot \frac{2}{7} \cdot \frac{1}{3} \cdot \frac{1}{3} \cdot \frac{1}{3}$
f) $\frac{2}{3} \cdot \frac{2}{3} \cdot \frac{2}{3} \cdot \frac{1}{2} \cdot \frac{1}{2} \cdot \frac{1}{2}$

ÜBUNG 23 Berechne die Potenzen und vergleiche sie.

a) $\frac{5^2}{8^2}; \left(\frac{5}{8}\right)^2; \frac{5^2}{8}; \frac{5}{8^2}$
b) $\frac{2^3}{3^3}; \left(\frac{2}{3}\right)^3; \frac{2^3}{3}; \frac{2}{3^3}$

ÜBUNG 24 Ein Hersteller füllt seine Waschmittel in Pakete zu $3\frac{1}{2}$ kg ab. Wie viele Pakete erhält man aus $4\frac{4}{5}$ t Waschpulver?

ÜBEN

ÜBUNG 25 **Zwei Brüche werden multipliziert. Wie ändert sich das Produkt, wenn ...**

a) der Zähler eines Bruches verdoppelt wird?
b) der Nenner eines Bruches verdreifacht wird?
c) die Zähler beider Brüche verdoppelt werden?
d) die Nenner beider Brüche verdreifacht werden?
e) der Zähler eines Bruches verdoppelt und der Nenner des anderen Bruches verdreifacht werden?
f) die Zähler und die Nenner beider Brüche verdoppelt werden?

ÜBUNG 26 **Der fünfte Teil einer Zahl ist gleich dem Sechsfachen von $\frac{5}{3}$. Wie heißt die Zahl?**

ÜBUNG 27 **Bearbeite die Aufgaben zum Umfüllen von Flüssigkeiten.**

a) Bens Aquarium fasst 25 Liter Wasser. Er hat ein Schöpfgerät, das $\frac{5}{4}$ Liter Wasser fasst. Wie oft muss Ben schöpfen, um das Aquarium vollständig zu füllen?

b) Kann man mithilfe eines $\frac{3}{4}$-Liter-Gefäßes und eines $\frac{2}{3}$-Liter-Gefäßes 10 Liter einer Flüssigkeit abmessen?

c) Der Inhalt einer $1\frac{1}{2}$-Liter-Flasche soll in kleine Flaschen umgefüllt werden. Jedes dieser Fläschchen fasst $\frac{5}{100}$ Liter. Wie viele kleine Flaschen können gefüllt werden?

ÜBUNG 28 **Ermittle die fehlenden natürlichen Zahlen so, dass die Gleichung eine wahre Aussage wird.**

a) $\frac{m}{5} \cdot \frac{4}{7} = \frac{8}{5}$	b) $\frac{m}{7} \cdot \frac{4}{3} = \frac{16}{21}$	c) $\frac{5}{6} \cdot \frac{7}{m} = \frac{35}{72}$
d) $\frac{m}{5} \cdot \frac{8}{n} = \frac{72}{55}$	e) $\frac{13}{5} \cdot \frac{m}{n} = \frac{39}{40}$	f) $\frac{m}{11} \cdot \frac{2}{n} = \frac{38}{99}$
g) $\frac{2}{3} : \frac{m}{7} = \frac{14}{15}$	h) $\frac{3}{8} : \frac{12}{m} = \frac{1}{8}$	i) $\frac{7}{20} : \frac{m}{15} = \frac{21}{44}$
j) $\frac{m}{n} : \frac{4}{9} = \frac{27}{14}$	k) $\frac{11}{15} : \frac{m}{n} = \frac{187}{180}$	l) $3\frac{2}{3} : \frac{m}{9} = 3\frac{9}{21}$

ÜBEN

4.3 Alle Rechenarten in einem Term – Rechenregeln und -gesetze

Terme (Rechenausdrücke) bestehen aus sinnvoll zusammengefügten Zahlen, Potenzen und Rechenzeichen. Mithilfe von Klammern können sie gegliedert werden.

Terme sind z. B.:

$3 + 5$

$12 : 5$ oder $2\frac{2}{5}$

$x^2 - 4$

$\frac{3}{4} \cdot \left(\frac{4}{5} - \frac{7}{10}\right)$

$\frac{3x - 5}{\frac{1}{2}x + 7}$

Den Wert eines Terms berechnet man schrittweise unter Beachtung bestimmter Regeln.

$\frac{3}{4} \cdot \left(\frac{4}{5} - \frac{7}{10}\right) = \frac{3}{4} \cdot \frac{1}{10} = \frac{3}{40}$

Enthält ein Term Variablen, kann man den Wert des Terms erst bestimmen, wenn für eine Variable eine konkrete Zahl bestimmt oder eingesetzt wird.

Wenn man in die beiden oben angegebenen Terme x = 10 einsetzt, erhält man:

$x^2 - 4 = 96$ und $\frac{3x - 5}{\frac{1}{2}x + 7} = \frac{25}{12} = 2\frac{1}{12}$

Rechenregeln

Sind **Klammern** gesetzt, werden diese zuerst berechnet.

$\frac{3}{8} + \left(\frac{3}{4} - \frac{2}{3}\right) = \frac{3}{8} + \frac{9 - 8}{12} = \frac{3}{8} + \frac{1}{12} = \frac{11}{24}$

Bei ineinander geschachtelten Klammern wird die innere zuerst berechnet – man rechnet **von innen nach außen.**

$\left[\left(\frac{7}{8} - \frac{2}{5}\right) - \frac{1}{4}\right] \cdot \frac{5}{3} = \left[\frac{19}{40} - \frac{1}{4}\right] \cdot \frac{5}{3} = \frac{\cancel{9}^{3}}{\cancel{40}_{8}} \cdot \frac{\cancel{5}^{1}}{\cancel{3}_{1}} = \frac{3}{8}$

Punktrechnungen (· und :) werden vor **Strichrechnungen** (+ und –) ausgeführt.

$\frac{2}{3} + \frac{2}{5} \cdot \frac{8}{3} = \frac{2}{3} + \frac{2 \cdot 8}{5 \cdot 3} = \frac{2}{3} + \frac{16}{15} = \frac{26}{15} = 1\frac{11}{15}$

$\frac{9}{10} : \frac{3}{8} - \frac{3}{7} = \frac{\cancel{9}^{3} \cdot \cancel{8}^{4}}{\cancel{10}_{5} \cdot \cancel{3}_{1}} - \frac{3}{7} = \frac{12}{5} - \frac{3}{7} = \frac{69}{35} = 1\frac{34}{35}$

Treten im Term **Potenzen** auf, werden diese zuerst berechnet.

$\frac{4}{9} \cdot \left(\frac{3}{4}\right)^3 = \frac{4}{9} \cdot \frac{27}{64} = \frac{\cancel{4}^{1} \cdot \cancel{27}^{3}}{\cancel{9}_{1} \cdot \cancel{64}_{16}} = \frac{3}{16}$

Die Strich- und die Punktrechnungen sind untereinander jeweils gleichrangig.

$\frac{8}{3} - \frac{1}{3} + \frac{4}{7} = \frac{7}{3} + \frac{4}{7} = \frac{49}{21} + \frac{12}{21} = \frac{61}{21} = 2\frac{19}{21}$

Beachte: Es wird von links nach rechts gerechnet.

$\frac{9}{2} : \frac{5}{4} \cdot \frac{5}{12} : \frac{8}{3} = \frac{9}{2} \cdot \frac{4}{5} \cdot \frac{5}{12} \cdot \frac{3}{8} = \frac{\cancel{9}^{3} \cdot \cancel{4}^{1} \cdot \cancel{5}^{1} \cdot 3}{2 \cdot \cancel{5}_{1} \cdot \cancel{12}_{4} \cdot \cancel{8}_{2}} = \frac{9}{16}$

Rechengesetze

Für das Addieren und das Multiplizieren von Bruchzahlen gelten die gleichen Rechengesetze wie für das Rechnen mit natürlichen Zahlen:

Ergebnisse:

Kommutativgesetz (KG) der Addition und der Multiplikation:

$a + b = b + a \qquad a \cdot b = b \cdot a$

KG: $\frac{5}{12} + \frac{7}{8} = \frac{7}{8} + \frac{5}{12}$ $\quad = \frac{10}{24} + \frac{21}{24} = \frac{31}{24}$

KG: $\frac{3}{4} \cdot \frac{6}{7} = \frac{6}{7} \cdot \frac{3}{4}$ $\quad = \frac{3 \cdot 6}{4 \cdot 7} = \frac{9}{14}$

Assoziativgesetz (AG) der Addition und der Multiplikation:

$(a + b) + c = a + (b + c)$

$(a \cdot b) \cdot c = a \cdot (b \cdot c)$

AG: $\left(\frac{4}{5} + \frac{1}{6}\right) + \frac{2}{3} = \frac{4}{5} + \left(\frac{1}{6} + \frac{2}{3}\right)$ $\quad = \frac{49}{30} = 1\frac{19}{30}$

AG: $\left(\frac{5}{4} \cdot \frac{3}{10}\right) \cdot \frac{1}{2} = \frac{5}{4} \cdot \left(\frac{3}{10} \cdot \frac{1}{2}\right)$ $\quad = \frac{3}{16}$

Distributivgesetz (DG) für das Multiplizieren bzw. Dividieren einer Summe mit einem Faktor bzw. durch einen Divisor:

$a \cdot (b + c) = a \cdot b + a \cdot c$

$(a + b) : c = a : c + a : c$

DG: $\frac{11}{3} \cdot \left(\frac{2}{5} + \frac{7}{10}\right) = \frac{11}{3} \cdot \frac{2}{5} + \frac{11}{3} \cdot \frac{7}{10}$

$= \frac{121}{30}$

DG: $\left(\frac{6}{7} + \frac{3}{14}\right) : \frac{2}{5} = \frac{6}{7} : \frac{2}{5} + \frac{3}{14} : \frac{2}{5} = \frac{75}{28} = 2\frac{19}{28}$

Das Distributivgesetz führt zu zwei wichtigen, oft angewandten Operationen.

Ausklammern von gemeinsamen Faktoren:

$a \cdot x + b \cdot x + c \cdot x = (a + b + c) \cdot x$

Multiplizieren einer Summe mit einem Faktor (Ausmultiplizieren):

$(a + b + c) \cdot x = a \cdot x + b \cdot x + c \cdot x$

$\frac{2}{12} + \frac{2}{20} + \frac{5}{24} = \frac{2}{3} \cdot \frac{1}{4} + \frac{2}{5} \cdot \frac{1}{4} + \frac{5}{6} \cdot \frac{1}{4}$

$= \left(\frac{2}{3} + \frac{2}{5} + \frac{5}{6}\right) \cdot \frac{1}{4}$ $\quad = \frac{19}{40}$

$\frac{5}{3} \cdot \left(\frac{4}{3} + \frac{1}{9} + \frac{3}{10}\right) = \frac{4}{3} \cdot \frac{5}{3} + \frac{1}{9} \cdot \frac{5}{3} + \frac{3}{10} \cdot \frac{5}{3}$

$= \frac{157}{54} = 2\frac{49}{54}$

Das **neutrale Element**

- der Addition ist 0:

Es gilt: $r + 0 = 0 + r = r$

- der Multiplikation ist 1:

Es gilt: $1 \cdot r = r \cdot 1 = r$

$\frac{7}{9} + 0 = 0 + \frac{7}{9} = \frac{7}{9} \qquad 3\frac{11}{12} + 0 = 0 + 3\frac{11}{12} = 3\frac{11}{12}$

$\frac{2}{7} \cdot 1 = 1 \cdot \frac{2}{7} = \frac{2}{7} \qquad 5\frac{1}{6} \cdot 1 = 1 \cdot 5\frac{1}{6} = 5\frac{1}{6}$

Beim Messen und Berechnen bestimmter Größen wie Währungen, Massen, Längen, Flächen, Volumina usw. muss man mit Einheiten rechnen.
Man kann nur mit Größen rechnen, die gleiche Einheiten haben. Vorher muss also in dieselbe Einheit umgewandelt werden.

$1\frac{3}{8}\,\text{m} + 23\frac{4}{5}\,\text{dm} + 450\,\text{cm} =$

$13\frac{3}{4}\,\text{dm} + 23\frac{4}{5}\,\text{dm} + 45\,\text{dm} = 82\frac{11}{20}\,\text{dm} =$

$137\frac{1}{2}\,\text{cm} + 238\,\text{cm} + 450\,\text{cm} = 825\frac{1}{2}\,\text{cm}$

$30\,\text{cm} \cdot \frac{5}{4}\,\text{m} \cdot 15\,\text{dm} = \frac{3}{10}\,\text{m} \cdot \frac{5}{4}\,\text{m} \cdot 1\frac{1}{2}\,\text{m}$

$= \frac{9}{16}\,\text{m}^3$

ÜBUNG 29 Berechne die Terme von links nach rechts. Kürze, wenn möglich. Schreibe das Endergebnis als gemischte Zahl.

a) $\frac{3}{8}+\frac{3}{10}+\frac{3}{4}$ b) $\frac{4}{7}+\frac{1}{5}+\frac{5}{2}$ c) $3\frac{1}{6}+5\frac{1}{8}-\frac{11}{3}$

d) $\frac{19}{20}-\frac{1}{10}-\frac{7}{15}$ e) $\frac{2}{5}\cdot\frac{2}{3}\cdot\frac{7}{2}$ f) $3\frac{1}{4}\cdot\frac{20}{3}\cdot1\frac{1}{9}$

g) $\frac{2}{3}\cdot\frac{12}{5}:\frac{4}{25}$ h) $3\frac{3}{4}:2\frac{1}{5}:\frac{3}{10}$ i) $\frac{1}{2}:\frac{3}{4}:\frac{2}{5}\cdot\frac{3}{5}$

WISSEN

Prozentrechnung

Oft stellt man Prozente als Anteil eines Ganzen dar:
x Prozent eines Wertes entspricht $\frac{x}{100}$ des Wertes.
Lässt sich dieser Bruch durch x kürzen, spricht man vom **„bequemen“ Prozentsatz:**
$25\ \% = \frac{25}{100} = \frac{1}{4}$

Prozentsätze		Beispiele
1 %	$\rightarrow \frac{1}{100}$	von 200 kg ist 2 kg
5 %	$\rightarrow \frac{1}{20}$	von 1200 € ist 60 €
10 %	$\rightarrow \frac{1}{10}$	von 800 m ist 80 m
20 %	$\rightarrow \frac{1}{5}$	von 400 g ist 80 g
25 %	$\rightarrow \frac{1}{4}$	von 32 cm ist 8 cm
$33\frac{1}{3}$ %	$\rightarrow \frac{1}{3}$	von 450 t ist 150 t
50 %	$\rightarrow \frac{1}{2}$	von 36 m^2 ist 18 m^2
75%	$\rightarrow \frac{3}{4}$	von 120 l sind 90 l

ÜBUNG 30 Löse die folgenden Aufgaben im Kopf. (Tipp: Benutze das Wissen aus dem Kasten.)

a) 5 %, 10 %, 20 %, $33\frac{1}{3}$ %; 75 %, 150 % 250 % von 654

b) $12\frac{1}{2}$ % von 960 € c) 25 % von $1\frac{2}{5}$ t d) 40 % von 340 cm^2

e) 175 % von 440 m f) 10 % von 86 m^3 g) 2 % von 450 €

h) $33\frac{1}{3}$ % sind 65 dm, wie viel sind 100 %?

ÜBUNG 31 Lege die Reihenfolge der Rechenschritte fest und berechne dann die Terme.

a) $\left(\frac{1}{4}\right)^2\cdot\left(\frac{3}{2}+\frac{7}{3}\right)$ b) $2\frac{1}{4}+\frac{1}{2}\cdot\left(\frac{3}{2}\right)^2$ c) $\frac{4}{5}+\left(\frac{2}{3}-\frac{1}{4}\right)\cdot\frac{8}{5}$

d) $\frac{9}{2}+\left(\frac{4}{3}+\frac{1}{6}\right):\left(\frac{1}{4}\right)^2$ e) $\frac{2}{5}\cdot\left(\frac{5}{3}+\left(\frac{1}{3}+4\right)\right)$ f) $\left(\frac{7}{4}-1\frac{1}{8}\right):\left(\frac{1}{2}\right)^4$

ÜBEN

ÜBUNG 32 Versuche, die auf den Wissensseiten dargestellten Rechnungen und Rechenwege nachzuvollziehen. Kommst du auf die gleichen Ergebnisse?

ÜBUNG 33 Multipliziere den Term in der Klammer mit dem gemeinsamen Faktor.

a) $3 \cdot \left(\frac{4}{15} + \frac{2}{9} + \frac{1}{8} - \frac{5}{7}\right)$

b) $10 \cdot \left(5\frac{2}{3} - 4\frac{5}{6} + 1\frac{2}{5} + 2\right)$

c) $\frac{3}{4} \cdot \left(\frac{8}{5} + \frac{10}{3} - \frac{5}{6} - \frac{11}{12} + 2\right)$

d) $2\frac{2}{5} \cdot \left(1\frac{3}{7} + \frac{5}{12} + 6\frac{1}{6}\right)$

ÜBUNG 34 Jacobs Fahrrad legt eine Strecke von $2\frac{1}{2}$ m zurück, wenn sich ein Rad genau einmal dreht. Das Kinderfahrrad seiner kleinen Schwester Ella legt bei einer Radumdrehung nur $\frac{5}{4}$ m zurück.

a) Beide fahren eine Strecke von $2\frac{5}{8}$ km. Wie oft drehen sich die Räder der beiden Fahrräder?

b) Jacobs Schulweg beträgt $5\frac{3}{10}$ km. Wie oft dreht sich ein Rad seines Fahrrades an einem Schultag, wenn Jacob den Weg also hin- und zurückfährt?

WISSEN

Berechnen umfangreicher Doppelbrüche

Enthalten Zähler und Nenner weitere Terme mit Brüchen, müssen diese zuerst berechnet werden.
Dann wird der Doppelbruch wie eine Divisionsaufgabe gelöst.

Zähler des Doppelbruchs → a, b
Hauptbruchstrich →
Nenner des Doppelbruchs → c, d

$$\frac{\frac{a}{b}}{\frac{c}{d}} = \frac{a}{b} : \frac{c}{d}$$

$$\frac{\frac{2}{5}}{\frac{3}{4}} = \frac{2}{5} : \frac{3}{4} = \frac{2}{5} \cdot \frac{4}{3} = \frac{8}{15}$$

$$\frac{\frac{3}{4} \cdot \frac{8}{15} + \frac{1}{6} \cdot 1\frac{1}{5}}{1\frac{1}{3} + 3\frac{4}{5}} = \frac{\frac{2}{5} + \frac{1}{5}}{5\frac{2}{15}} = \frac{\frac{3}{5}}{\frac{77}{15}}$$

$$= \frac{3}{5} : \frac{77}{15} = \frac{3}{5} \cdot \frac{15}{77} = \frac{9}{77}$$

ÜBUNG 35 Löse die Doppelbrüche schrittweise. Gib das Ergebnis als teilerfremden Bruch an.

a) $\dfrac{2\frac{5}{6}}{\frac{2}{3}}$

b) $\dfrac{\frac{2}{3}}{2\frac{5}{6}}$

c) $\dfrac{2\frac{5}{8}}{5\frac{1}{4}}$

d) $\dfrac{21}{3\frac{5}{9}}$

ÜBEN

ÜBUNG 36 **Berechne den Doppelbruch mit ...**

a) $\frac{1}{5}$ als Zähler, $\frac{2}{3}$ als Nenner;

b) $24\frac{1}{5}$ als Zähler, $2\frac{21}{50}$ als Nenner;

c) der Summe von $4\frac{2}{9}$ und $2\frac{1}{3}$ als Zähler, dem Produkt von $2\frac{3}{4}$ und $\frac{2}{3}$ als Nenner.

ÜBUNG 37 **Berechne die Doppelbrüche in deinem Übungsheft.**

a) $\dfrac{\frac{2}{5}+\frac{4}{5}}{\frac{7}{10}+\frac{9}{10}}$ b) $\dfrac{\frac{5}{6}-\frac{3}{4}}{\frac{7}{9}+\frac{2}{3}}$ c) $\dfrac{\frac{3}{2}-\frac{2}{3}}{\frac{3}{2}+\frac{2}{3}}$ d) $\dfrac{\frac{9}{10}+\frac{1}{5}}{\frac{1}{2}-\frac{3}{10}}$

ÜBUNG 38 **Berechne die Doppelbrüche. (Tipp: Wandle gemischte Zahlen in unechte Brüche um.)**

a) $\dfrac{\frac{1}{3}\cdot\frac{6}{7}+\frac{2}{9}\cdot 6}{5\frac{1}{2}-3\frac{1}{4}}$ b) $\dfrac{5-2\frac{1}{2}}{3\frac{2}{3}+5\cdot\frac{4}{15}}$ c) $\dfrac{10}{3\frac{1}{2}+\frac{5}{6}-2\frac{1}{4}}$

ÜBUNG 39 **Klammere den angegebenen Faktor aus. (Tipp: Wandle gemischte Zahlen in unechte Brüche um.)**

a) $\frac{5}{2}+\frac{15}{4}+\frac{35}{12}-\frac{40}{9}$ (5)

b) $\frac{16}{3}-6\frac{2}{5}+3\frac{5}{9}+\frac{20}{3}$ (8)

c) $\frac{20}{3}+\frac{25}{2}-\frac{35}{4}+35$ (10)

d) $3\frac{3}{7}+4\frac{1}{2}-2\frac{2}{5}+20$ (6)

ÜBUNG 40 **Setze Klammern, und zwar so, dass das Ergebnis richtig ist.**

a) $\frac{2}{3}+2\frac{3}{5}\cdot\frac{30}{7}=14$

b) $\frac{3}{8}+\frac{1}{4}\cdot\frac{5}{3}\cdot\frac{7}{20}-\frac{1}{5}=\frac{7}{16}$

c) $\frac{2}{5}+\frac{1}{10}\cdot\frac{4}{3}+\frac{6}{5}\cdot\frac{1}{2}-\frac{3}{10}=\frac{68}{75}$

d) $\frac{3}{4}\cdot\frac{8}{5}-\frac{2}{3}+3-\frac{4}{5}\cdot 2=\frac{51}{10}$

ÜBUNG 41 **Ein Quader hat folgende Maße: Länge $2\frac{1}{2}$ dm, Breite $1\frac{3}{5}$ dm, Höhe $\frac{3}{4}$ dm.**

a) Berechne den Umfang der größten Seitenfläche. (Tipp: Der Umfang eines Rechtecks ist gleich der Summe der vier Seitenlängen.)

b) Berechne die Summe aller Kantenlängen des Quaders.

c) Berechne das Volumen des Quaders. (Tipp: Das Volumen eines Quaders erhältst du, indem du Länge × Höhe × Breite rechnest.)

d) Die Kanten des Quaders werden auf ein Drittel gekürzt. Wie groß sind jetzt die Summe der Kantenlängen und das Volumen?

Thementest 1

60 Minuten

AUFGABE 1 **Berechne die Summen und Differenzen und kürze so weit wie möglich.**

a) $\frac{3}{4}+\frac{1}{4}$ b) $\frac{11}{12}-\frac{5}{12}$ c) $\frac{7}{10}+\frac{19}{50}$ d) $\frac{5}{6}-\frac{5}{24}$

e) $\frac{2}{5}+\frac{7}{30}$ f) $2\frac{5}{16}-1\frac{1}{8}$ g) $10\frac{21}{32}+\frac{23}{24}$ h) $5\frac{5}{12}-2\frac{7}{8}$

AUFGABE 2 **Berechne die Produkte und Quotienten. Kürze so weit wie möglich.**

a) $\frac{3}{5}\cdot 10$ b) $\frac{5}{6}:2$ c) $\frac{3}{8}:\frac{5}{7}$ d) $\frac{4}{5}\cdot\frac{10}{3}$

e) $\frac{25}{36}\cdot\frac{10}{15}$ f) $\frac{2}{35}:\frac{3}{70}$ g) $2\frac{4}{5}:3\frac{3}{10}$ h) $3\frac{2}{9}\cdot\frac{3}{29}$

AUFGABE 3 **Die Summe zweier Bruchzahlen sei $\frac{47}{60}$. Der eine Summand ist jeweils angegeben. Wie groß ist der andere?**

a) $\frac{5}{12}$ b) $\frac{11}{40}$ c) $\frac{2}{15}$

AUFGABE 4 **Ergänze das folgende magische Quadrat so, dass die Summe jeder Zeile, jeder Spalte und jeder Diagonalen 10 beträgt.**

$3\frac{1}{2}$		
	$4\frac{1}{3}$	
	$2\frac{2}{7}$	

AUFGABE 5 **Bei welcher der folgenden Dreiergruppen von Zahlen ist der Abstand der mittleren Zahl zur kleineren und zur größeren jeweils gleich groß?**

a) $\frac{1}{2};\frac{1}{3};\frac{1}{6}$ b) $\frac{1}{3};\frac{1}{4};\frac{1}{5}$ c) $1\frac{13}{20};1\frac{1}{40};\frac{2}{5}$ d) $1\frac{1}{4};\frac{19}{20};\frac{13}{20}$

AUFGABE 6 **Klammere aus der gegebenen Summe den in der Klammer angezeigten gemeinsamen Faktor aus.**

a) $\frac{12}{5}+\frac{20}{9}-\frac{2}{3}+8\ \ (4)$ b) $\frac{9}{20}+\frac{9}{50}+\frac{21}{40}-9\ \ \left(\frac{3}{5}\right)$

TESTEN

Thementest 2

60 Minuten

AUFGABE 7 Was bedeutet beim Rechnen mit Bruchzahlen „gleichnamig machen“? Mache folgende Brüche gleichnamig.

a) $\frac{2}{3}; \frac{5}{9}$ b) $\frac{4}{5}; \frac{3}{8}$ c) $\frac{3}{4}; \frac{1}{5}; \frac{7}{12}$ d) $\frac{1}{20}; \frac{4}{15}; \frac{4}{5}; \frac{49}{24}$

AUFGABE 8 Addiere bzw. subtrahiere. Kürze, wenn möglich.

a) $\frac{2}{7} + \frac{4}{7} + \frac{9}{7}$ b) $\frac{17}{20} + \frac{13}{20} - \frac{7}{20}$ c) $3\frac{8}{9} + 4\frac{1}{12}$

d) $4\frac{4}{11} + \frac{1}{6} - 1\frac{2}{3}$ e) $2\frac{3}{14} - 1\frac{1}{7} - \frac{19}{21}$ f) $\frac{3}{7} - 2\frac{5}{6} + 9\frac{1}{2}$

AUFGABE 9 Die Zahlen in benachbarten Feldern werden addiert, das Ergebnis steht jeweils in dem Feld über den beiden benachbarten Feldern. Vervollständige die Zahlenmauer.

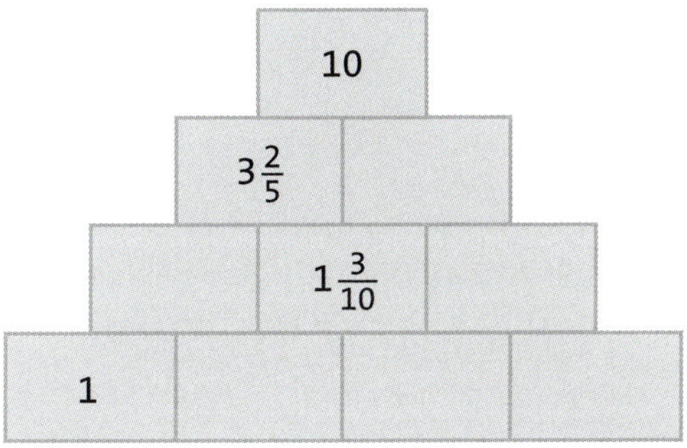

AUFGABE 10 Familie Meier hat am Wochenende in ihrem Garten geerntet: 3 kg rote Johannisbeeren, $3\frac{3}{4}$ kg weiße Johannisbeeren, $2\frac{1}{4}$ kg schwarze Johannisbeeren und $1\frac{1}{2}$ kg Himbeeren. Frau Meier packt das Obst in Portionen zu jeweils $\frac{3}{4}$ kg für die Tiefkühltruhe ab. Wie viele Gefrierbeutel benötigt sie?

AUFGABE 11 In welchem Größenverhältnis (farbig zu weiß) stehen die Flächeninhalte der beiden Stoffsorten, aus denen die abgebildeten Fahnen hergestellt sind, zueinander?

a) b) c)

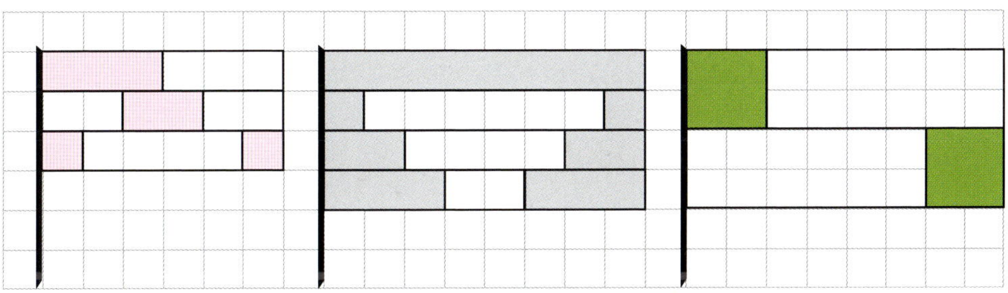

Thementest 3

60 Minuten

AUFGABE 12 **Setze jeweils das fehlende Rechenzeichen ein.**

a) $\frac{13}{9} \;\square\; \frac{13}{4} = \frac{169}{36}$ b) $\frac{11}{4} \;\square\; \frac{7}{8} = 3\frac{1}{7}$ c) $\frac{7}{10} \;\square\; \frac{7}{3} = \frac{91}{30}$

d) $\frac{8}{3} \;\square\; \frac{3}{2} = \frac{7}{6}$ e) $\frac{169}{30} \;\square\; \frac{13}{15} = \frac{13}{2}$ f) $\frac{3}{7} \;\square\; \frac{5}{14} = \frac{11}{14}$

AUFGABE 13 **Setze das richtige Zeichen >, < oder = ein.**

a) $\frac{1}{2} + \frac{1}{3} \;\square\; \frac{1}{3} + \frac{1}{4}$ b) $\frac{11}{12} + \frac{1}{4} \;\square\; \frac{25}{18} - \frac{2}{9}$ c) $2\frac{2}{5} + \frac{3}{10} \;\square\; \frac{3}{5} + 1\frac{17}{20}$

AUFGABE 14 **Berechne. Beachte die Rechenregeln und kürze, wenn möglich.**

a) $1\frac{1}{5} \cdot \frac{21}{25} \cdot 6\frac{2}{3} \cdot \frac{25}{42}$ b) $\left(2\frac{3}{4} - 1\frac{1}{2}\right) : 1\frac{1}{4}$

c) $\left(\frac{27}{16} + \frac{3}{8}\right) : 1\frac{1}{2}$ d) $\frac{1}{2} : \frac{1}{3} + 3\frac{1}{3} : \frac{1}{4} - \frac{2}{3} : 2\frac{3}{4}$

e) $3\frac{1}{6} : 4\frac{1}{5} - \frac{1}{5} : 8\frac{2}{5} + \frac{2}{3} : 2\frac{8}{17}$

AUFGABE 15 **Ergänze die magischen Quadrate so, dass die Summe jeder Zeile, jeder Spalte und jeder Diagonalen jeweils den angegebenen Wert ergibt.**

a)

$6\frac{1}{2}$		
		$5\frac{1}{5}$
		$3\frac{1}{4}$

Summe: 12

b)

$2\frac{1}{8}$		
$1\frac{1}{4}$		$2\frac{1}{8}$

Summe: 5

AUFGABE 16 **Aus einem Tank werden nacheinander $\frac{1}{5}$, $\frac{1}{12}$, $\frac{3}{10}$ und $\frac{2}{15}$ des ursprünglichen Inhalts abgepumpt.**

a) Welcher Anteil des Gesamtinhalts ist noch im Tank?

b) Wie viel Liter wurden jeweils abgepumpt, wenn der volle Tank 7650 l enthielt?

TESTEN

5 Dezimalzahlen

5.1 Dezimalschreibweise

Zahlen mit einem Komma heißen **Dezimalzahlen.**

0,1; 0,35; 2,078; 200,45; 120,006 ...

Dezimalzahlen lassen sich wie natürliche Zahlen in einer Stellenwerttafel darstellen. Die bekannte Stellenwerttafel wird **nach rechts** erweitert.

T | H | Z | E ▌ z | h | t | zt

↑ hier steht das Komma

In der ersten Spalte stehen die Zehntel (z), in der zweiten Spalte die Hundertstel (h), in der dritten die Tausendstel (t), dann die Zehntausendstel (zt) usw. Diese Stellen nennt man **„Stellen nach dem Komma“**, **Dezimalstellen** oder **Dezimalen.**

Beachte: Man spricht z. B. für 34,095: *vierunddreißig Komma null neun fünf* oder für 0,0005: *null Komma null null null fünf.*

Darstellung von Dezimalzahlen in der Stellenwerttafel:

a) $0{,}1 = \frac{1}{10}$

b) $0{,}07 = \frac{0}{10} + \frac{7}{100} = \frac{7}{100}$

c) $3{,}203 = 3 + \frac{2}{10} + \frac{0}{100} + \frac{3}{1000} = \frac{3203}{1000}$

d) $34{,}095 = 34 + \frac{0}{10} + \frac{9}{100} + \frac{5}{1000} = \frac{34\,095}{1000}$

	H	Z	E	z	h	t	zt
a)			0	1			
b)			0	0	7		
c)			3	2	0	3	
d)		3	4	0	9	5	

Vergleichen und Ordnen

Man vergleicht zuerst die Ganzen. Sind diese gleich, vergleicht man die Zehntel. Bei Gleichheit der Zehntel vergleicht man die Hundertstel. Sind auch diese gleich, vergleicht man die Tausendstel usw.

Merke: Man vergleicht von links beginnend die Stellen einzeln; die erste unterschiedliche Ziffer entscheidet über „größer“ oder „kleiner“. Alle Ziffern weiter rechts interessieren nicht mehr.

Die beiden Dezimalzahlen sollen verglichen werden: 408,07762 und 408,07962

Vergleich: ⟶ ⟶

Ergebnis: 408,07762 < 408,07962

Die Ziffern 408,07 sind in beiden Zahlen gleich; 7 < 9; die Ziffern 6 und 2 haben keinen Einfluss mehr.

17,456 < 17,457, weil 6 < 7

2,6716 > 2,653, weil 7 > 5

Man darf am Ende von Dezimalzahlen Nullen anhängen oder streichen.

1,56 = 1,560 = 1,5600 = 1,560 00...

0,08 = 0,080 = 0,0800 = 0,080 00...

Beachte: Zwischen den Ziffern der Dezimalzahl darf man keine Null hinzufügen oder weglassen!

0,809 ≠ 0,89 oder 4,007 ≠ 4,07

Umwandeln von Bruch- in Dezimalschreibweise

Zehnerbrüche sind Brüche mit 10, 100, 1000 usw. im Nenner. Diese lassen sich als Dezimalzahl schreiben.

$\frac{1}{10} = 0{,}1 \qquad \frac{1}{100} = 0{,}01 \qquad \frac{1}{1000} = 0{,}001$

Es gibt Brüche, die man durch Erweitern oder Kürzen in Zehnerbrüche umwandeln und dann als Dezimalzahlen schreiben kann.

$\frac{1}{2} = \frac{1 \cdot 5}{2 \cdot 5} = \frac{5}{10} = 0{,}5 \qquad \frac{17}{25} = \frac{17 \cdot 4}{25 \cdot 4} = \frac{68}{100} = 0{,}68$

Beachte: Nicht alle Brüche lassen sich in Zehnerbrüche umwandeln.

Nicht als Zehnerbrüche zu schreiben sind z. B. $\frac{1}{3}; \frac{5}{6}; \frac{3}{11}$

Eine Dezimalzahl verwandelt man in einen gemeinen Bruch, indem man die Dezimalzahl ohne Komma in den Zähler schreibt und in den Nenner eine Zehnerpotenz mit so vielen Nullen, wie die Dezimalzahl Dezimalen hat, und dann ggf. kürzt.

$2{,}3 = \frac{23}{10}$ (1 Dezimale)

$4{,}84 = \frac{484}{100} = \frac{121}{25}$ (2 Dezimale)

Gemeine Brüche lassen sich in Dezimalzahlen umwandeln, indem man den Zähler durch den Nenner dividiert.
Die auf diese Weise entstehende Dezimalzahl kann **endlich, rein periodisch** oder **gemischt periodisch** sein.

Umwandlung eines Bruches:
Gemeiner Bruch: $\frac{3}{8} = 3 : 8 = 0{,}375$

- Bei **endlichen Dezimalzahlen** bricht die Ziffernfolge rechts vom Komma ab, es folgen nur noch Nullen. (Endliche Dezimalzahlen lassen sich als Zehnerbrüche schreiben.)

Endliche Dezimalzahlen:
$\frac{3}{40} = \frac{3 \cdot 25}{40 \cdot 25} = \frac{75}{1000} = 0{,}075$ (= 0,075 000 ...)

$\frac{143}{125} = \frac{143 \cdot 8}{125 \cdot 8} = \frac{1144}{1000} = 1{,}144$ (= 1,144 00...)

- Bei einer **rein periodischen Dezimalzahl** wiederholen sich die Ziffern in einer bestimmten regelmäßigen Folge. Die Periode wird im Allgemeinen dadurch angegeben, dass die sich wiederholenden Ziffern überstrichen werden.

Rein periodische Dezimalzahlen:
$\frac{1}{3} = 1 : 3 = 0{,}333\,3... = 0{,}\overline{3}$
Sprich: „null Komma Periode drei“
$\frac{3}{7} = 3 : 7 = 0{,}428\,571\,428\,... = 0{,}\overline{428\,571}$
Sprich: „null Komma Periode vier zwei acht fünf sieben eins“

- Bei **gemischt periodischen Dezimalzahlen** stehen nach dem Komma eine oder mehrere Vorziffern und erst danach beginnt die Periode.

Gemischt periodische Dezimalzahlen:
$\frac{5}{12} = 5 : 12 = 0{,}416\,666\,... = 0{,}41\overline{6}$
Sprich: „null Komma vier eins Periode sechs“
$\frac{37}{14} = 37 : 14 = 2{,}642\,857\,142\,8...$
$= 2{,}6\overline{428\,571}$
Sprich: „zwei Komma sechs Periode vier zwei acht fünf sieben eins“

ÜBUNG 1 Übernimm die Stellenwerttafel in dein Übungsheft und trage die angegebenen Dezimalzahlen in die Stellenwerttafel ein.

Zahl	T	H	Z	E	z	h	t	zt

a) 0,05 b) 0,006 c) 1,25 d) 23,06
e) 678,3 f) 2009,3 g) 500,05 h) 6,007

ÜBUNG 2 Schreibe die Dezimalzahlen als Zehnerbrüche.

a) 0,64 b) 8,01 c) 0,007 d) 2,850 e) 23,707
f) 0,999 g) 0,0404 h) 0,800 i) 95,005 j) 22,002

ÜBUNG 3 Schreibe die Zehnerbrüche als Dezimalzahlen.

a) $\frac{7}{10}$ b) $\frac{7}{1000}$ c) $\frac{43}{100}$ d) $\frac{409}{100}$
e) $\frac{3009}{10}$ f) $\frac{209}{1000}$ g) $\frac{11}{1000}$

ÜBUNG 4 Welche Null muss man schreiben, welche kann man weglassen? Schreibe die Zahlen kürzer, wenn möglich.

a) 0,07 b) 3,0900 c) 0,0080
d) 300,0500 e) 6,070

ÜBUNG 5 Gib zu jedem auf dem Zahlenstrahl markierten Punkt A bis H den zugehörigen Bruch an und wandle diesen in eine Dezimalzahl um.

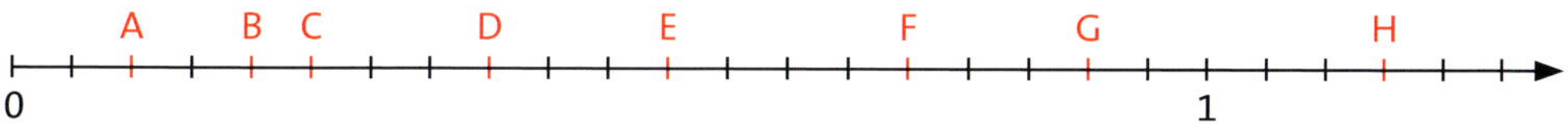

ÜBUNG 6 Finde die zugehörigen Zehnerbrüche und schreibe diese dann jeweils als Dezimalzahl.

a) $\frac{7}{2}$ b) $\frac{2}{5}$ c) $\frac{17}{20}$ d) $\frac{9}{50}$ e) $\frac{38}{25}$
f) $\frac{223}{40}$ g) $\frac{18}{30}$ h) $\frac{120}{50}$ i) $\frac{66}{600}$ j) $\frac{13}{5}$

ÜBUNG 7 **Gib die zugehörige Dezimalzahl an.**

a) $1\frac{2}{5}$ b) $12\frac{7}{10}$ c) $\frac{37}{20}$ d) $2\frac{3}{4}$ e) $\frac{200}{12}$

f) $\frac{123}{20}$ g) $\frac{8}{3}$ h) $\frac{50}{120}$ i) $\frac{12}{7}$ j) $\frac{7}{8}$

ÜBUNG 8 **Fülle die Lücken.**

a) $0{,}4 = \frac{4}{\square} = \frac{\square}{50} = \frac{\square}{1000} = \frac{80}{\square}$

b) $0{,}75 = \frac{3}{\square} = \frac{\square}{100} = \frac{\square}{500} = \frac{21}{\square}$

c) $\frac{12}{15} = \frac{\square}{10} = 0{,}\square = \frac{4}{\square}$

d) $\frac{11}{20} = \frac{\square}{100} = \frac{88}{\square} = \frac{\square}{500} = 0{,}\square$

ÜBUNG 9 **Welche Zahlen sind gleich? Ordne jeweils einen Bruch und die zugehörige Dezimalzahl einander zu.**

$\frac{1}{3}$; $\frac{2}{3}$; $\frac{4}{9}$; $\frac{3}{8}$; $\frac{2}{5}$; $\frac{3}{20}$; $\frac{1}{7}$; $\frac{1}{4}$; $0{,}375$; $0{,}\overline{4}$; $0{,}4$; $0{,}\overline{6}$; $0{,}\overline{142857}$; $0{,}15$; $0{,}\overline{3}$; $0{,}25$

ÜBUNG 10 **Ordne die Zahlen der Größe nach. Beginne mit der kleinsten Zahl. (Tipp: Es kann auch vorkommen, dass zwei Zahlen einer Reihe gleich groß sind.)**

a) 5,230; 5,032; 5,302; 5,023; 5,203 b) 1,26; 1,206; 1,2006; 1,200

c) 0,0999; 1,0011; 0,9889; 1,001; 1 d) 0,63; $\frac{64}{100}$; 0,5966; $\frac{16}{25}$; $\frac{131}{200}$; 0,665

ÜBUNG 11 **Gib als Dezimalzahl in der nächstgrößeren Einheit an.**

a) 56 cm b) 40991 g c) 81 ct d) 19 cm 29 mm e) 843 ml

f) 340 dm^2 g) 16 h h) 105 s i) 78,060 m j) $\frac{7}{10}$ dm

k) 6740 dm^3 l) 4 Monate m) $20\frac{3}{5}$ kg n) 500,6 mg o) 40 Tage

ÜBUNG 12 **Suche drei Dezimalzahlen, für die gilt:**

a) größer als 1,2, aber kleiner als 1,3; kurz $1{,}2 < x < 1{,}3$

b) $0{,}7 < x < 0{,}8$ c) $5{,}74 < x < 5{,}75$

d) $9{,}98 < x < 9{,}99$ e) $0{,}02 < x < \frac{1}{25}$

f) $0{,}07 < x < 0{,}071$ g) $1{,}1 < x < 1{,}11$

ÜBEN

5.2 Rechnen mit Dezimalzahlen

Addieren und Subtrahieren

Um Dezimalzahlen schriftlich zu addieren, schreibt man die Zahlen so untereinander, dass **die Kommas genau untereinanderstehen.** Dann stehen Zehntel unter Zehnteln, Hundertstel unter Hundertsteln usw., ebenso die Stellen der Ganzen. Nun wird, wie bei den natürlichen Zahlen (↑ Kap. 1.2), von rechts beginnend stellenweise addiert. Dabei muss man auf den Übertrag achten. Im Ergebnis wird dann das Komma unter den anderen Kommas eingefügt.

13,456 + 34,409 + 1,67 + 0,8099:

	1	3	,	4	5	6	0
	3	4	,	4	0	9	0
		1	,	6	7	0	0
		0	,	8	0	9	9
Übertrag	1	2		1	2		
Ergebnis	5	0	,	3	4	4	9

13,456 + 34,409 + 1,67 + 0,8099 = **50,3449**

Um Dezimalzahlen schriftlich zu subtrahieren, schreibt man die Kommas wie bei der Addition untereinander. Dann subtrahiert man stellenweise von rechts beginnend. Im Ergebnis wird dann das Komma wieder genau unter den Kommas der Rechnung eingefügt. Fehlende Stellen hinter dem Komma kann man mit Nullen auffüllen.

Hinweis: Manche Subtraktionsaufgaben lassen sich nur mit **negativen Zahlen** lösen (↑ Kap. 6).

102,3 − 34,567 − 10,0056 − 57,09:

	1	0	2	,	3	0	0	0
−		3	4	,	5	6	7	0
−		1	0	,	0	0	5	6
−		5	7	,	0	9	0	0
Übertrag	1	1	1		2	2	1	
Ergebnis			0	,	6	3	7	4

102,3 − 34,567 − 10,0056 − 57,09 = **0,6374**

Multiplizieren

Man multipliziert Dezimalzahlen, indem man

1. die Dezimalzahlen zunächst ohne Komma wie natürliche Zahlen multipliziert;

2. das Komma so setzt, dass das Ergebnis so viele Stellen nach dem Komma hat wie die beiden Faktoren zusammen.

0,257 · 8,193
(3 + 3 Dezimalen)

```
257 · 8193
----------
   2056000
     25700
     23130
       771
----------
   2105601
```

→ 2,105601
(6 Dezimalen)

5,65 · 12,28
(2 + 2 Dezimalen)

```
565 · 1228
----------
    565000
    113000
     11300
      4520
----------
    693820
```

→ 69,3820
(4 Dezimalen)
= 69,382

Dividieren

Beim Dividieren einer Dezimalzahl **durch eine natürliche Zahl** geht man genauso vor wie beim Dividieren einer natürlichen Zahl. Das Komma wird dann gesetzt, wenn beim Dividieren das Komma überschritten wird.

```
 45,6:8=5,7        54,0:45=1,2
-40               -45
  5 6               9 0
 -5 6               9 0
    0                 0
```

Ist der Dividend kleiner als der Divisor, so ist der Divisor in den Ganzen des Dividenden nullmal enthalten. Somit beginnt das Ergebnis mit „null Komma“.

```
 0,50:25=0,02      8,96:16=0,56
-0                -0
  5                 8 9
 -0                -8 0
  50                  96
 -50                 -96
   0                   0
```

Beim Dividieren einer Dezimalzahl **durch eine andere Dezimalzahl** wird das Komma in beiden Zahlen um **die gleiche Anzahl** von Stellen nach rechts verschoben, und zwar so weit, bis der Divisor eine natürliche Zahl ist. Reichen die Stellen nach dem Komma des Dividenden nicht aus, hängt man rechts die benötigte Anzahl von Nullen an. Dann wird der Dividend durch den Divisor (jetzt eine natürliche Zahl) dividiert.

Merke: Der Wert des Quotienten ändert sich durch das Verschieben der Kommas in Dividend *und* Divisor um dieselbe Anzahl Stellen nicht!

9,72 : 1,2 = 97,2 : 12 — Komma um 1 Stelle nach rechts

```
 97,2 : 12 = 8,1
-96
  12
 -12
   0
```

Ergebnis:
9,72 : 1,2 = 8,1

3,75 : 0,03 = 375 : 3 — Komma um zwei Stellen nach rechts

```
 375 : 3 = 125
-3
  7
 -6
  15
 -15
   0
```

Ergebnis:
3,75 : 0,03 = 125

Eine Dezimalzahl wird mit 10, 100, 1000 usw. multipliziert, indem man das Komma um 1, 2, 3 usw. Stellen nach rechts rückt.

2,628 · 10 = 26,28
2,628 · 100 = 262,8
2,628 · 1000 = 2628

Eine Dezimalzahl wird durch 10, 100, 1000 usw. dividiert, indem man das Komma um 1, 2, 3 usw. Stellen nach links rückt.

824,9 : 10 = 82,49
824,9 : 100 = 8,249
824,9 : 1000 = 0,8249

ÜBUNG 13 Schreibe untereinander – Komma unter Komma – und berechne die Summen schriftlich.

a) 3,25 + 4,67 b) 81,62 + 102,07 c) 0,305 + 1,008
d) 207,1 + 39,08 e) 1999,05 + 2,04 f) 0,0999 + 0,0965

ÜBUNG 14 Schreibe untereinander – Komma unter Komma – und berechne die Differenzen schriftlich.

a) 2,8808 – 1,006 b) 34,98 – 9,007 c) 100,09 – 99,09
d) 0,089 – 0,0708 e) 207 – 199,09 f) 13,001 – 9,999

ÜBUNG 15 Multipliziere die gegebenen Zahlen der Reihe nach mit 10; 100; 1000; 0,1; 0,01; 0,001. (Tipp: Multiplikation mit $0{,}1 = \frac{1}{10}$ bedeutet Division durch 10.)

a) 195,75 b) 9,7803 c) 0,0309

WISSEN +

Runden von Dezimalzahlen
Beim Runden von Dezimalzahlen – man braucht meistens nur wenige Stellen nach dem Komma – muss zunächst festgelegt werden, auf wie viele Stellen nach dem Komma gerundet werden soll.

Ist die *nach*folgende Stelle **kleiner als 5** (0, 1, 2, 3, 4), wird **ab**gerundet.
Ist die *nach*folgende Stelle **gleich oder größer als 5** (5, 6, 7, 8, 9), wird **aufgerun**det.

Runden auf Zehntel (1. Stelle nach dem Komma):
7,13 ≈ 7,1 12,578 ≈ 12,6

Runden auf Hundertstel (2. Stelle nach dem Komma):
0,452 ≈ 0,45 1,93678 ≈ 1,94

Runden auf Tausendstel (3. Stelle nach dem Komma):
4,9982 ≈ 4,998 23,712956 ≈ 23,713

ÜBUNG 16 Mache einen Überschlag, berechne dann die Produkte und vergleiche das Ergebnis mit dem Überschlag. (Tipp: Beim Überschlag rechnet man mit stark gerundeten Werten.)

a) 2,9 · 0,057 b) 1,87 · 0,013 c) 15,76 · 0,89 d) 0,84 · 3,89
e) 0 · 123,4 f) 26,79 · 30,45 g) 0,65 · 0,32 h) 50 · 0,18 · 3,2

ÜBUNG 17 Überschlage zunächst das Ergebnis und berechne es dann. Hat das Ergebnis mehr als drei Dezimalstellen, runde auf drei Stellen nach dem Komma. Vergleiche dein Ergebnis mit dem Überschlag.

a) 23,4 : 5 b) 45,98 : 9 c) 124,09 : 19 d) 890,04 : 123
e) 1,515 : 75 f) 399,52 : 400 g) 28,9 : 0,17 h) 0,013 : 0,82

ÜBUNG 18 Fülle die Tabelle aus.

Runde auf ...	3 Dezimalen	2 Dezimalen	1 Dezimale	Ganze
12,0078				
34,098 05				
0,870 62				
234,929 71				

ÜBUNG 19 **Im Unterricht wird die Aufgabe 8,29 · 34,7 gestellt. Fünf Schüler erhalten die folgenden Ergebnisse. Welche Ergebnisse sind gewiss falsch? Finde die Antwort, ohne zu rechnen, und begründe deine Meinung.**

a) 2876,63 b) 287,665 c) 28,7663 d) 287,663 e) 287,660

ÜBUNG 20 **Mache zunächst einen Überschlag und berechne dann die Summen. Achte auf das exakte Untereinanderschreiben der Kommas.**

a) 2,3 + 4,92 + 3,89 + 1,67
b) 1,23 + 4,657+ 12,006 + 4,008 + 7,81
c) 18,009 + 5,107 + 34,809 + 23
d) 0,037 + 0,0037 + 0,37 + 0,00037

ÜBUNG 21 **Mache zunächst einen Überschlag und subtrahiere dann. Achte auf das exakte Untereinanderschreiben der Kommas.**

a) 59,098 – 6,79 – 12,009 – 9,444
b) 300 – 89,011 – 179,92 – 13,006
c) 270,6 – 35,0897 – 65,006 – 102,7
d) 244,45 – 29,34 – 56,008 – 45,599

WISSEN +

Wie für die Brüche gelten auch für die Dezimalzahlen das Kommutativgesetz (KG) und das Assoziativgesetz (AG) der Addition und der Multiplikation sowie das Distributivgesetz. Für alle Dezimalzahlen a, b und c gilt:

KG $a + b = b + a$ $a \cdot b = b \cdot a$

AG $(a + b) + c = a + (b + c) = a + b + c$ $(a \cdot b) \cdot c = a \cdot (b \cdot c) = a \cdot b \cdot c$

Bei der Addition und Multiplikation von Dezimalzahlen können Klammern beliebig gesetzt oder weggelassen werden.

Das Distributivgesetz (DG) regelt die Rechenschritte beim Ausmultiplizieren und Ausklammern eines gemeinsamen Faktors aus zwei oder mehr Summanden (bzw. aus Minuend und Subtrahend).

DG $a \cdot (b + c) = a \cdot b + a \cdot c$ $a \cdot (b - c) = a \cdot b - a \cdot c$
$(a + b) : c = a : c + b : c$ $(a - b) : c = a : c - b : c$

ÜBUNG 22 **Klammere den angegebenen Faktor aus.**

a) 3,6 + 4,8 (0,6) b) 1,08 – 0,48 (0,12) c) 0,86 + 2,15 – 1,72 (0,43)

ÜBUNG 23 **Multipliziere aus.**

a) 7,2 · (3,1 + 4,5) b) 6,34 · (7,18 – 5,89) c) (11,55 + 16,17) · 2,31

ÜBUNG 24 **Übertrage die Aufgaben in dein Übungsheft und entscheide, ob die Terme gleich sind oder nicht. Setze = oder ≠ ein.**

a) 85,408 : 62,6 ☐ 854,08 : 6,28 b) 571,2 : 56 ☐ 57,12 : 5,6
c) 79,3 : 3,09 ☐ 79,3 : 0,309 d) 463,27 : 1,112 ☐ 4632,7 : 11,12
e) 4,048 : 1,6 ☐ 404,8 : 16 f) 0,671 : 0,034 ☐ 67,1 : 3,4

ÜBUNG 25 **Der Umfang eines Rades von Hannas Fahrrad beträgt 2,04 m. Wie viele Umdrehungen macht das Rad bei einer Strecke von 10,9 km?**

ÜBUNG 26 **Finde die gesuchten Zahlen.**

a) Mit welcher Zahl muss man 8,12 multiplizieren, um 487,2 zu erhalten?
b) Welche Zahl muss man durch 0,78 dividieren, um 9,36 zu erhalten?
c) Durch welche Zahl muss man 949,79 dividieren, um 15,1 zu erhalten?
d) Welche Zahl muss man mit 16,9 multiplizieren, um 12,506 zu erhalten?

ÜBUNG 27 **Bestimme die Lösung der Gleichung. (Tipp: Verwende Umkehroperationen ↑ Kap. 1.3.)**

a) 9,6 x = 286,08 b) 1800,81 : x = 56,1 c) 117,132 : x = 90,8
d) 36,05 x = 432,6 e) 86,336 : x = 28,4 f) 670,8 · 0,22 = x

ÜBUNG 28 **Niklas kauft Turnschuhe für 85,95 €, einen Trainingsanzug für 72,99 €, ein Paar Schweißbänder für 8,99 € und zwei T-Shirts für je 19,49 €. Er zahlt mit fünf 50-€-Scheinen. Wie viel Euro bekommt er zurück?**

ÜBUNG 29 **Auf dem Fußboden eines Zimmers mit rechteckiger Grundfläche wird Laminat verlegt. Ein Quadratmeter des ausgesuchten Laminatbelags kostet 23,99 €. Für Länge und Breite des Zimmers wurden 6,8 m bzw. 5,4 m gemessen. Du kaufst wegen des Verschnitts 5 % mehr (↑ Kap. 4). Welche Ausgaben musst du einplanen? (Tipp: Der Flächeninhalt eines Rechtecks ist gleich Länge × Breite.)**

5.3 Praxistipps zum Umgang mit Brüchen und Dezimalzahlen

Schreibweise

Wenn in einer Aufgabe echte und unechte Brüche oder Dezimalzahlen auftreten, muss man entscheiden, ob man die Brüche in Dezimalzahlen umwandelt oder die Dezimalzahlen in gemeine Brüche umwandelt, um alle Zahlen in einheitlicher Schreibweise vorliegen zu haben.

$4\frac{3}{8} \cdot 3{,}6$
$= 4{,}375 \cdot 3{,}6$
$= 15{,}75$

$4\frac{3}{8} \cdot 3{,}6$
$= 4\frac{3}{8} \cdot 3\frac{3}{5}$
$= \frac{35}{8} \cdot \frac{18}{5}$
$= \frac{63}{4} = 15\frac{3}{4}$

Ein Bruch wird in eine Dezimalzahl umgewandelt, indem man den Zähler durch den Nenner dividiert. Dabei können unendliche Dezimalzahlen entstehen (↑ Kap. 5.1). In dem Fall ist zumeist günstiger, mit Brüchen weiterzurechnen. Man vermeidet dadurch gerundete Werte bzw. Näherungswerte.

Merke: Oft ist es einfacher, die Dezimalzahl in eine Bruchzahl umzuwandeln.

$2\frac{1}{6} \cdot 4{,}1$
$= 2{,}1\overline{6} \cdot 4{,}1$
$\approx 2{,}167 \cdot 4{,}1$
$= 8{,}885$

$2\frac{1}{6} \cdot 4{,}1$
$= 2\frac{1}{6} \cdot 4\frac{1}{10}$
$= \frac{13}{6} \cdot \frac{41}{10}$
$= \frac{533}{60}$
$= 8\frac{53}{60}$ genauer Wert
$(= 8{,}88\overline{3})$

Näherungswerte

Bei der **Multiplikation und Division von Näherungswerten** muss gerundet werden: Es wird auf die Stelle gerundet, die der Anzahl der Ziffern des Näherungswertes mit den wenigsten Ziffern entspricht.

$56{,}4 \cdot 4{,}7 = 265{,}08 \approx 270$	2 Stellen
$1{,}29 \cdot 45{,}098 = 58{,}17642 \approx 58{,}1$	3 Stellen
$4{,}1 : 2{,}45 = 1{,}674 \approx 1{,}7$	2 Stellen

Beachte: Vorn stehende Nullen werden nicht gezählt.

$0{,}0073 \cdot 24{,}56 = 0{,}179288 \approx 0{,}18$ 2 Stellen

Messungen sind immer Näherungswerte. Die Genauigkeit wird bestimmt durch das Messgerät und die Aufgabenstellung.

Mit einem Lineal können Längen bis auf Millimeter genau gemessen werden. Misst man eine Länge von 8,1 cm, kann die tatsächliche Länge zwischen 8,05 cm und 8,14 cm liegen.

WISSEN

ÜBUNG 30 Löse die folgenden Aufgaben in Bruch- und in Dezimalschreibweise.

a) $\frac{1}{4} + 0{,}72$ b) $2{,}81 - \frac{71}{100}$ c) $4\frac{3}{4} \cdot 1{,}85$

d) $13{,}8 : \frac{5}{8}$ e) $3\frac{7}{8} - 1{,}92$ f) $2{,}6 \cdot 1\frac{4}{5} \cdot 0{,}12$

ÜBUNG 31 Wähle eine Schreibweise für die Brüche und berechne dann die Terme. Beachte die Reihenfolge der Rechenschritte.

a) $\frac{3}{4} \cdot \left(\frac{1}{5} + 2{,}9\right)$ b) $3{,}8 - 5\frac{2}{3} \cdot \frac{1}{6}$ c) $\left(\frac{7}{15} - 0{,}35\right) \cdot \frac{7}{11}$

d) $\left(2{,}87 - 1\frac{4}{5}\right) : \frac{7}{8}$ e) $7{,}5 \cdot \left(2{,}1 - 1\frac{1}{2}\right) \cdot \frac{34}{10}$ f) $7{,}5 \cdot 2{,}1 - 1\frac{1}{2} \cdot \frac{34}{10}$

g) $12{,}7 - 3\frac{2}{3} \cdot \frac{5}{8}$ h) $\left(12{,}7 - 3\frac{2}{3}\right) \cdot \frac{5}{8}$ i) $\left(\frac{3}{11} + 0{,}6\right) : \left(\frac{7}{22} - 0{,}3\right)$

ÜBUNG 32 Berechne die Terme. Suche jeweils den vorteilhaftesten Weg.

a) $4{,}75 \cdot \frac{17}{25} : \frac{23}{5}$ b) $3\frac{7}{11} \cdot 1{,}7 + 3\frac{7}{11} \cdot 2\frac{3}{4}$ c) $6\frac{1}{5} \cdot (7{,}7 - 4{,}9) \cdot 6\frac{1}{5}$

d) $\frac{17}{4} \cdot \left(2 - \frac{11}{12}\right)$ e) $\frac{17}{4} \cdot 2 - \frac{11}{12}$ f) $6\frac{1}{5} \cdot 7{,}7 - 4{,}9 \cdot 6\frac{1}{5}$

g) $\frac{5}{3} \cdot \frac{12}{8} \cdot 3{,}4 + 0{,}7$ h) $\left(5 - 1\frac{4}{9}\right) : \left(2 - 1\frac{1}{3}\right)$ i) $5 - 1\frac{4}{9} : 2 - 1\frac{1}{3}$

ÜBUNG 33 Eine Tischtennisplatte ist 2,74 m lang und 1,525 m breit, ein Billardtisch 2,84 m lang und 1,42 m breit. Welcher Flächeninhalt ist größer? (Tipp: Der Flächeninhalt eines Rechtecks ist gleich Länge × Breite.)

ÜBUNG 34 Oft werden Angaben in beiden Schreibweisen gemacht. Bearbeite die Aufgaben in deinem Übungsheft.

a) Auf dem Mond hat ein Mensch nur $\frac{1}{6}$ seines Gewichts auf der Erde, auf dem Jupiter aber das 2,5-Fache. Wie schwer wäre ein Mensch, der auf der Erde ein Gewicht von 782 N hat, jeweils auf den beiden Himmelskörpern? (Hinweis: Ein Gewicht von 782 N entspricht einer Masse von etwa 78,2 kg. Die Masse bleibt auf allen Planeten dieselbe.)

b) In einer Familie ist die Mutter 1,68 m groß. Der Sohn erreicht $\frac{5}{8}$ ihrer Größe, die Tochter $\frac{2}{3}$ und der Vater $\frac{11}{10}$. Wie groß sind die Familienmitglieder?

ÜBUNG 35 Um wie viel ist die Differenz der Zahlen 3,25 und $2\frac{1}{3}$ kleiner als ihre Summe?

ÜBUNG 36 **Frau Ritter kauft an der Fleischtheke des Supermarktes ein: 150 g Teewurst (100 g kosten 1,30 €), 280 g Schinken (1 kg zu 13,20 €), $\frac{1}{4}$ kg Tatar (100 g zu 0,95 €), $\frac{1}{5}$ kg Bierschinken zu 2,30 € und $1\frac{4}{5}$ kg Schweinebraten, der 13,50 € pro Kilogramm kostet.**

a) Wie viel kostet der Einkauf insgesamt?
b) Wie viel Kilogramm hat sie gekauft?

ÜBUNG 37 **Bestimme die gesuchte Zahl.**

a) Welche Zahl muss man vom Quotienten der Zahlen $2\frac{2}{3}$ und 0,25 subtrahieren, um die Summe von 0,875 und $1\frac{5}{8}$ zu erhalten?

b) Von welcher Zahl muss man das Produkt aus 2,3 und $\frac{9}{2}$ subtrahieren, um den Quotienten aus $3\frac{1}{2}$ und 0,14 zu erhalten?

c) Welche Zahl muss man vom Quadrat der Zahl 36,25 subtrahieren, um das $2\frac{1}{4}$-Fache von 211,42 zu erhalten?

d) Zu welcher Zahl muss man das Quadrat von $7\frac{3}{5}$ addieren, um das Vierfache des Quadrates von 19, dividiert durch 25, zu erhalten?

ÜBUNG 38 **Berechne für die Näherungswerte a = 5,39 cm, b = 0,09 cm und c = 1,7 cm die Werte folgender Terme. (Hinweis: Bei der Addition und Subtraktion von Näherungswerten wird auf die letzte Stelle der Zahl mit den wenigsten Dezimalen gerundet.)**
Beispiel: Addition der Näherungswerte 1,2536 (4 Dezimalen) und 1,48 (2 Dezimalen); gerundet wird also auf Hundertstel: 1,2536 + 1,48 ≈ 1,25 + 1,48 = 2,73

a) $a + b + c$	b) $a + c$
c) $b + c$	d) $a - b$
e) $a \cdot b$	f) $a \cdot c$
g) $a \cdot b \cdot c$	h) $(a + b) \cdot c$

ÜBUNG 39 **Das Zimmer der Brüder Tim und Tom wird mit neuem Teppichboden ausgelegt. Die Länge des Zimmers wird mit 7,25 m, die Breite mit 5,58 m gemessen.**

a) Wie groß ist der Flächeninhalt A des rechteckigen Bodens?
b) Die gemessenen Werte sind auf volle Zentimeter gerundet. Zwischen welchen Werten liegen die Messwerte?
c) Berechne den kleinstmöglichen und den größtmöglichen Flächeninhalt für das Kinderzimmer.
d) Gib die Differenz zwischen dem großen und dem kleinen Wert an. Runde den Flächeninhalt A sinnvoll.

ÜBUNG 40 **Löse folgende Gleichungen bzw. Ungleichungen. (Tipp: Verwende Umkehroperationen ↑ Kap. 1.3.)**

a) $1{,}23 \cdot x + 6\frac{7}{10} = 9{,}7888 : \frac{4}{5}$

b) $\left(x + \frac{23}{100}\right) : \frac{9}{2} = 0{,}09 \cdot 50$

c) $98{,}7 - \left(x : \frac{13}{2}\right) = 100 - \frac{1}{2} \cdot 5$

d) $x - 1{,}23 = 4{,}5 : \frac{3}{5} + \frac{3}{100}$

e) $x - 5{,}31 < \frac{3}{5} \cdot 7\frac{4}{5}$

f) $x : 1{,}2 + 18 > 4{,}5 \cdot 6 - 7\frac{4}{5}$

ÜBUNG 41 **Ein Schreibblock hat noch eine Höhe von 0,441 cm (ohne Deckblatt und Papprücken). Ein Blatt des Blocks hat eine Stärke von 0,105 mm.**

a) Wie viele Blätter sind noch übrig?
b) Im Unterricht werden 12 Blätter verbraucht. Wie hoch ist der Block jetzt?
c) Wie hoch war der Block, wenn er ursprünglich 100 Blatt enthielt?

ÜBUNG 42 **Das verwendete Glas hat die Dichte von 2,7 $\frac{g}{cm^3}$. Welche Masse hat eine 3,90 m breite, 2,70 m hohe und 18 mm dicke Schaufensterscheibe? (Tipp: Masse = Dichte × Volumen.)**

WISSEN +

Bestimmen von Näherungswerten

Messungen sind immer Näherungswerte.
Das Ergebnis z. B. einer Längenmessung ist ein Näherungswert (dessen Genauigkeit vom verwendeten Messgerät abhängt). Die tatsächliche Länge liegt in einem bestimmten Bereich.

Nutzt man diesen Bereich zu weiterführenden Berechnungen, z. B. von Flächen und Volumina, ergibt sich auch ein leicht zu bestimmendes Rundungsergebnis.

Die Längen der Seiten eines Rechtecks werden gemessen: 12,8 cm und 8,1 cm.

12,8 cm liegt zwischen 12,75 cm und 12,84 cm; 8,1 cm zwischen 8,05 cm und 8,14 cm.

Der Flächeninhalt des Rechtecks liegt also zwischen
12,75 cm · 8,05 cm = 102,6375 cm² und
12,84 cm · 8,14 cm = 104,5176 cm².

Die dritte Ziffer, die Einerstelle, kann daher nicht exakt angegeben werden und man rundet auf volle Zehner:
A = 100 cm².

ÜBUNG 43 **Die Kantenlänge eines Würfels wurde mit 11,9 cm auf 0,1 cm genau gemessen. (Tipp: Das Volumen eines Würfels ist gleich Länge × Breite × Höhe.)**

a) Zwischen welchen Werten liegt das Volumen des Würfels?
b) Gib ein zweckmäßig gerundetes Ergebnis für das Volumen an.

Thementest 1

60 Minuten

AUFGABE 1 **Ordne der Größe nach.**

a) 555,5 g; 0,55 kg; 5,556 kg; 5505 g; 0,0055 t
b) 99,9 €; 99,09 €; 99,91 €; 9989 ct; 9909 ct

AUFGABE 2 **Wandle die Brüche in Dezimalzahlen um.**

a) $\frac{3}{5}$ b) $\frac{7}{20}$ c) $\frac{119}{25}$

d) $4\frac{17}{50}$ e) $\frac{199}{200}$ f) $\frac{792}{300}$

AUFGABE 3 **Runde die Zahlen jeweils auf Zehntel und Tausendstel.**

a) 34,5675 b) 0,2945 c) 1,9876
d) 9,999 99 e) 67,0039

AUFGABE 4 **Berechne die Terme.**

a) $0{,}53 \cdot 5{,}3 - 2{,}4 \cdot 0{,}24$ b) $0{,}53 \cdot (5{,}3 - 2{,}4) \cdot 0{,}24$ c) $0{,}79 \cdot (5{,}6 - 3{,}5)$

AUFGABE 5 **Welche Zahl musst du für x einsetzen? (Tipp: Verwende Umkehroperationen ↑ Kap. 1.3.)**

a) $9{,}01 + 6{,}76 + x = 20$ b) $56{,}1 - 17{,}9 + x = 40$
c) $3{,}92 \cdot x = 0{,}227\,38$ d) $x : 4{,}56 = 4{,}04$

AUFGABE 6 **Stelle einen Term auf und berechne diesen.**

a) Addiere zum Fünffachen von 5,8 das Dreifache von 4,21.
b) Multipliziere die Summe von 4,52 und 7,48 mit der Differenz von 3,45 und 1,05.

AUFGABE 7 **Für 42 Liter Benzin hat Frau Reich 56,28 € bezahlt, an einer anderen Tankstelle bezahlte Herr Lerche für 48,6 Liter 64,15 €. Wer tankte günstiger?**

AUFGABE 8 **Ein Beutel Rasensamen reicht für 60 m². Wie viele Beutel benötigt man für eine 13,5 m breite und 42,8 m lange rechteckige Rasenfläche? (Tipp: Der Flächeninhalt eines Rechtecks ist gleich Länge × Breite.)**

Thementest 2

60 Minuten

AUFGABE 9 **Nenne drei Zahlen zwischen ...**

a) 0,7 und 0,8;
b) 66,6 und 66,7;
c) 7,12 und 7,125;
d) 0,011 und 0,0111.

AUFGABE 10 **Runde die Angaben sinnvoll.**

a) Jeder Teilnehmer muss einen Kostenanteil von 36,6666 € zahlen.
b) Die Futtervorräte auf dem Bauernhof reichen noch für 103,3055 Tage.
c) Der Garten hat eine Fläche von 455,1998 m^2.

AUFGABE 11 **Finde die Zehnerbrüche und schreibe diese dann jeweils als Dezimalzahl.**

a) $\frac{9}{30}$
b) $\frac{135}{50}$
c) $\frac{99}{450}$
d) $\frac{13}{8}$
e) $\frac{36}{60}$
f) $\frac{22}{11}$

AUFGABE 12 **Berechne.**

a) $(5{,}78 + 0{,}91) \cdot (13{,}4 - 3{,}92)$
b) $34{,}8 \cdot (1{,}7 + 5{,}6)$

AUFGABE 13 **Schreibe als Term und rechne dann.**

a) Addiere zur Differenz von 12,8 und 2,9 das Dreifache von 3,7.
b) Dividiere die Summe von 0,75 und 7,5 durch die Differenz von 6 und 5,75.

AUFGABE 14 **Ein Kilogramm Apfelsinen kostet auf dem Markt 2,49 €. Wie viel muss bezahlt werden für ...**

a) 2,5 kg?
b) 0,75 kg?
c) 3,4 kg?
d) 2380 g?

AUFGABE 15 **Ein Winzer lagert seinen Wein in Eichenfässern, die 575 l fassen. Wie viele Flaschen zu je 0,7 l können im günstigsten Fall aus 5 Fässern abgefüllt werden?**

6 Rechnen mit negativen Zahlen

6.1 Negative Zahlen

Die Subtraktion ist im Bereich der natürlichen Zahlen $\mathbb{N}$ und auch im Bereich der Bruchzahlen (gebrochene Zahlen) $\mathbb{Q}^+$ nicht immer ausführbar.
Viele Sachverhalte lassen sich nicht (allein) mit natürlichen Zahlen beschreiben: Temperaturen unter 0 °C, Schulden ...
Um diese Größen darstellen zu können, braucht man „neue" Zahlen: Während die natürlichen Zahlen größer als null sind, sind diese „neuen" Zahlen kleiner als null.
Um sie darzustellen, muss der Zahlenstrahl nach links erweitert werden zur **Zahlengeraden.** Zahlen, die links von der Null liegen, erhalten als Vorzeichen ein Minuszeichen und heißen **negative Zahlen.**

Im Bereich der natürlichen und der Bruchzahlen sind folgende Terme nicht lösbar:

$4 - 17 = ?$ $\qquad \frac{1}{6} - \frac{5}{6} = ?$

Temperatur:	13 °C	über 0 °C
	−7 °C	unter 0 °C
Geldverkehr:	+120 €	Guthaben
	−500 €	Schulden
Höhen:	2962 m über NN	(Zugspitze)
	−254 m unter NN	(Tiefe des Bodensees)

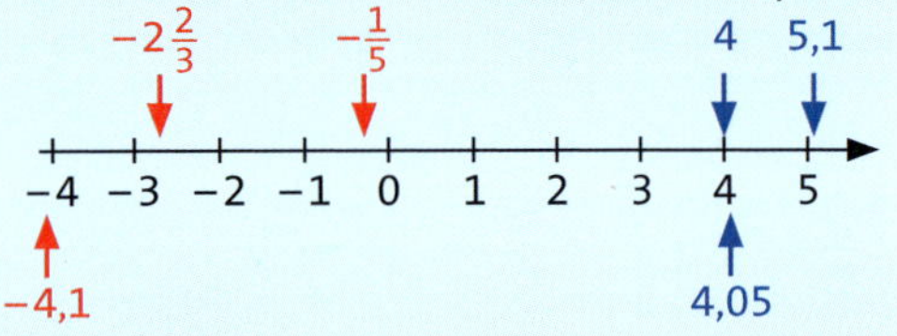

Ist der Subtrahend größer als der Minuend, liegt das Ergebnis links von der Null. Mit negativen Zahlen ist also jede Subtraktionsaufgabe lösbar.

$2 - 3{,}5 = \mathbf{-1{,}5}$

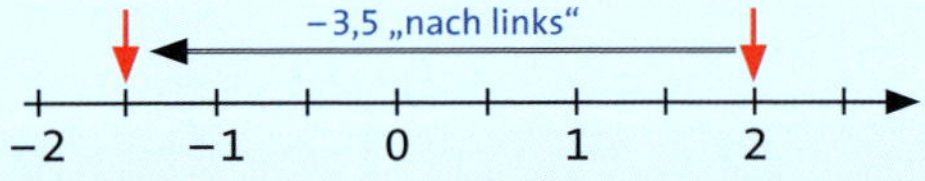

Der Abstand einer Zahl von der Null heißt **Betrag** der Zahl. Dieser ist immer positiv oder 0.
Man schreibt für den Betrag von a: $|a|$

$|-5| = |+5| = +5$; $\quad \left|-\frac{7}{3}\right| = \left|+\frac{7}{3}\right| = +\frac{7}{3}$

$|-10{,}9| = |+10{,}9| = +10{,}9$

Beachte:
1. Eine positive Zahl ist stets größer als eine negative Zahl.
2. Null ist kleiner als eine positive Zahl, aber größer als eine negative Zahl.
3. Von zwei positiven Zahlen ist die mit dem größeren Betrag die größere Zahl.
4. Von zwei negativen Zahlen ist die mit dem kleineren Betrag die größere Zahl.
5. Von zwei Zahlen ist die größere die, die auf der Zahlengeraden weiter rechts liegt.

$6 > -2 \qquad -5\frac{1}{2} < 0{,}8 \qquad -4{,}1 < 4{,}05$

$0 < \frac{6}{5} \qquad -7{,}5 < 0 \qquad -3 < 0 < 12{,}1$

$4 < 5{,}1$, weil $|4| < |5{,}1|$

$-2\frac{2}{3} < -\frac{1}{5}$, weil $\left|-\frac{1}{5}\right| < \left|-2\frac{2}{3}\right|$

WISSEN

ÜBUNG 1 **Erläutere, warum man bei der grafischen Darstellung rationaler Zahlen von einer Zahlengeraden sprechen muss.**

ÜBUNG 2 **Gib an, welche positiven und negativen Zahlen auf den Zahlengeraden markiert sind.**

a)
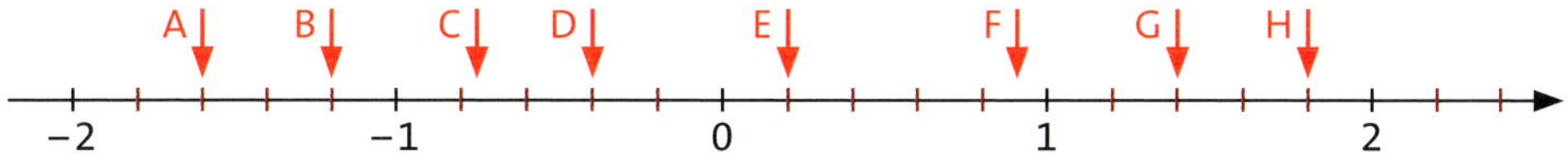

b)
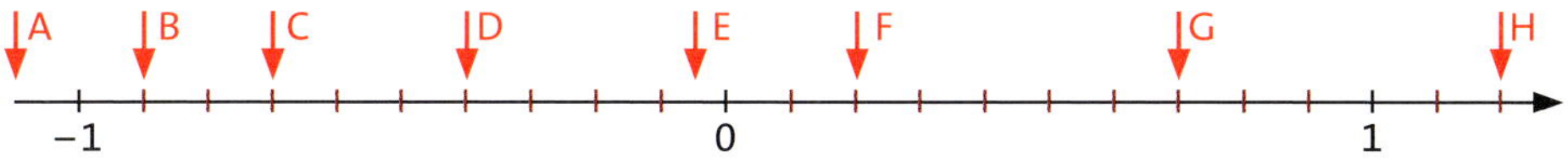

c)
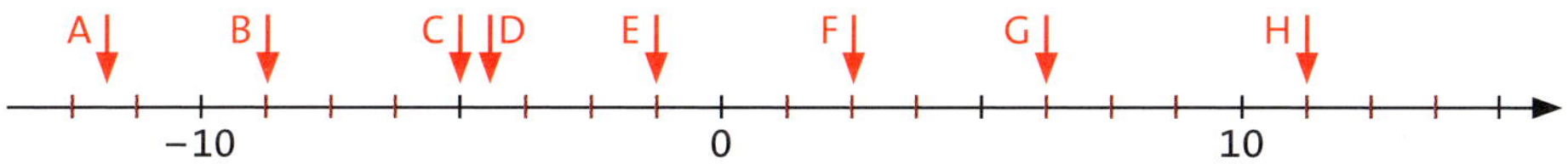

ÜBUNG 3 **Vergleiche die folgenden Zahlen miteinander. Setze die Zeichen <, > oder = ein.**

a) $\frac{3}{4} \; \square \; -\frac{1}{2}$ b) $0{,}5 \; \square \; -\frac{1}{2}$ c) $\frac{1}{10} \; \square \; -\frac{5}{8}$ d) $-5{,}01 \; \square \; -5{,}11$

e) $1\frac{6}{11} \; \square \; \frac{17}{11}$ f) $-\frac{3}{8} \; \square \; -\frac{3}{9}$ g) $-13{,}24 \; \square \; 0{,}1$ h) $-\frac{1}{18} \; \square \; -0{,}056$

i) $0{,}418 \; \square \; \frac{5}{12}$ j) $-2\frac{3}{4} \; \square \; 2\frac{3}{4}$ k) $-45 \; \square \; -405$ l) $-\frac{2}{3} \; \square \; \frac{1}{3}$

ÜBUNG 4 **Ordne folgende Zahlen der Größe nach. Beginne mit der kleinsten Zahl.**

a) $\frac{1}{10}; -\frac{1}{8}; -\frac{1}{4}; -\frac{2}{5}; \frac{3}{5}; -\frac{3}{10}; -\frac{1}{2}; \frac{3}{8}$

b) $-6\frac{3}{4}; \frac{1}{4}; -6{,}75; -3{,}25; -\frac{13}{4}; \frac{13}{4}; 3{,}5; \frac{18}{5}$

c) $10{,}4; -1{,}04; -10{,}4; -0{,}104; -104; 0$

d) $-\frac{2}{5}; \frac{3}{10}; -0{,}35; -\frac{4}{11}; \frac{5}{12}; 0{,}42; \frac{7}{15}; -\frac{8}{15}$

ÜBUNG 5 **Lerne mit Schrittweiten die rationalen Zahlen kennen.**

a) Zähle mit der Schrittweite 0,6. Beginne bei −4,5 und gehe zu immer größeren Zahlen. Zähle bis +4,5.

b) Zähle mit der Schrittweite 1,3. Beginne bei +6,5 und gehe zu immer kleineren Zahlen. Unternimm neun Schritte.

ÜBUNG 6 **Welche Zahl liegt auf der Zahlengeraden in der Mitte zwischen …**

a) 2,5 und 3? b) −4 und −3,5? c) $-2\frac{1}{4}$ und −3? d) $-\frac{4}{5}$ und $-\frac{3}{8}$?

e) $-2\frac{1}{2}$ und 0? f) −0,6 und 0,45? g) 0,4 und $-\frac{1}{10}$? h) $\frac{1}{4}$ und $-\frac{4}{5}$?

WISSEN

Zahlenbereich der rationalen Zahlen
Unterscheiden sich zwei Zahlen nur durch das Vorzeichen, haben sie den **gleichen Betrag.** Man nennt sie **zueinander entgegengesetzte Zahlen.**

-2 und $+2$ sind zueinander entgegengesetzte Zahlen, da $|-2| = |+2| = +2$

$-\frac{7}{3}$ und $+\frac{7}{3}$ sind zueinander entgegengesetzte Zahlen, da $\left|-\frac{7}{3}\right| = \left|+\frac{7}{3}\right| = +\frac{7}{3}$

Die natürlichen Zahlen und ihre entgegengesetzten negativen Zahlen bilden den **Bereich der ganzen Zahlen $\mathbb{Z}$.**
Die Bruchzahlen $\mathbb{Q}^+$ und ihre entgegengesetzten negativen Zahlen bilden den **Bereich der rationalen Zahlen $\mathbb{Q}$.**
Zu den rationalen Zahlen gehören also die natürlichen Zahlen, die ganzen Zahlen, die Bruchzahlen und die negativen Brüche.

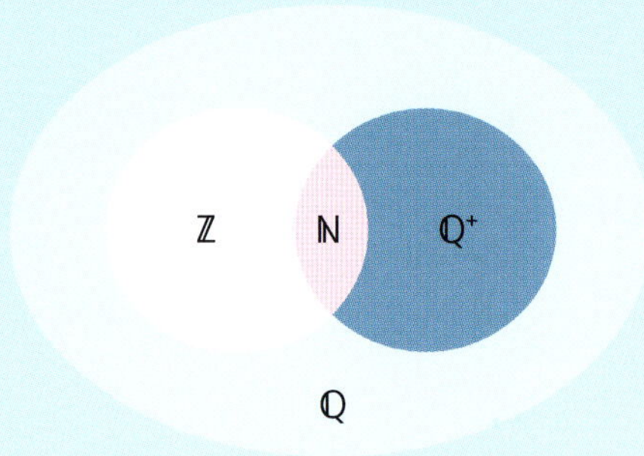

ÜBUNG 7 **Es sei eine rationale Zahl m gegeben. Gib die zu m entgegengesetzte Zahl an. Ordne beiden Zahlen ihre Beträge zu.**

a) $m = +7$ b) $m = -\frac{2}{13}$ c) $m = -3{,}4$ d) $m = -0{,}045$
e) $m = +2\frac{4}{5}$ f) $m = +4{,}3\overline{5}$ g) $m = 0$ h) $m = -\frac{13}{14}$

ÜBUNG 8 **Fülle die Tabelle aus.**

x	4		0,35			$-2\frac{2}{7}$					$\frac{7}{1000}$
−x		4					−15,9		$-\frac{2}{11}$	0,79	
|x|				0,27	$\frac{2}{5}$			$-21\frac{3}{12}$			

ÜBUNG 9 **Gib drei rationale Zahlen an, die zwischen m und n liegen.**

a) $m = -2;\ n = -3$ b) $m = -\frac{8}{9};\ n = -\frac{7}{9}$ c) $m = 111;\ n = 110$
d) $m = 0{,}333;\ n = 0{,}\overline{3}$ e) $m = -0{,}01;\ n = 0$ f) $m = -0{,}04;\ n = -0{,}05$

ÜBUNG 10 **x und y sind beliebige natürliche Zahlen mit x < y. Ordne die folgenden Zahlen der Größe nach. Beginne mit der kleinsten.**

$\frac{x}{y};\ \frac{y}{x};\ -\frac{x}{y};\ -\frac{y}{x}$

ÜBEN

6.2 Rechnen mit rationalen Zahlen

Addition und Subtraktion

Man addiert zwei rationale Zahlen mit gleichen Vorzeichen, indem man ihre Beträge addiert und dieser Summe das gemeinsame Vorzeichen gibt.

$(+3) + (+6) = +(|+3| + |+6|) = +9$

$(-5) + (-8) = -(|-5| + |-8|) = -13$

Man addiert zwei rationale Zahlen mit verschiedenen Vorzeichen, indem man den kleineren Betrag vom größeren subtrahiert und der Differenz das Vorzeichen der Zahl mit dem größeren Betrag gibt.

$(+9) + (-6) = +(|+9| - |-6|) = +3$

$\left(-\frac{7}{8}\right) + \left(+\frac{2}{3}\right) = -\left(\left|-\frac{21}{24}\right| - \left|+\frac{16}{24}\right|\right) = -\frac{5}{24}$

Die Summe entgegengesetzter Zahlen ist 0.

$(+4{,}5) + (-4{,}5) = 0$

$\left(+3\frac{3}{4}\right) + \left(-\frac{15}{4}\right) = 0$

Man subtrahiert eine rationale Zahl, indem man ihre entgegengesetzte Zahl addiert.

$(+12) - (+4) = (+12) + (-4) = +8$

$(+2{,}3) - (-4{,}1) = (+2{,}3) + (+4{,}1) = +6{,}4$

$\left(-\frac{3}{4}\right) - \left(+\frac{2}{5}\right) = \left(-\frac{15}{20}\right) + \left(-\frac{8}{20}\right) = -\frac{23}{20}$

Man unterscheidet **Vorzeichen** und **Rechenzeichen.** Bei der Addition und der Subtraktion darf man beide zusammenfassen.

$a + (+b) = a + b \qquad a + (-b) = a - b$

$a - (-b) = a + b \qquad a - (+b) = a - b$

$(+12{,}2) + (-5{,}3) = 12{,}2 - 5{,}3 = 6{,}9$

$\left(-\frac{5}{6}\right) - \left(+\frac{1}{5}\right) = -\frac{25}{30} - \frac{6}{30} = -\frac{31}{30}$

$\left(-2\frac{3}{5}\right) + (+4{,}28) = -2{,}6 + 4{,}28 = 6{,}88$

Multiplikation

Zwei rationale Zahlen werden multipliziert, indem man die Beträge multipliziert. Dabei muss man beachten:

- Haben beide Faktoren das gleiche Vorzeichen, ist das Produkt positiv.

$\left(+\frac{1}{2}\right) \cdot (+8) = +4 \qquad (-3) \cdot (-5) = +15$

- Haben beide Faktoren unterschiedliche Vorzeichen, ist das Produkt negativ.

$(-2) \cdot (+4) = -8 \qquad \left(+\frac{3}{7}\right) \cdot \left(-\frac{3}{5}\right) = -\frac{9}{35}$

Vorzeichenregeln, kurz gefasst:

$+ \cdot + = + \qquad - \cdot - = +$

$+ \cdot - = - \qquad - \cdot + = -$

Besteht das Produkt aus mehreren negativen Faktoren, ist das Vorzeichen
- positiv bei einer geraden Anzahl negativer Vorzeichen,
- negativ bei einer ungeraden Anzahl negativer Vorzeichen.

$\left(-\frac{2}{5}\right)^4 = \left(-\frac{2}{5}\right) \cdot \left(-\frac{2}{5}\right) \cdot \left(-\frac{2}{5}\right) \cdot \left(-\frac{2}{5}\right) = +\frac{16}{625}$

$(-2)^3 = (-2) \cdot (-2) \cdot (-2) = -8$
$(-1) \cdot (+2) \cdot (-3) \cdot (+4) \cdot (-5) = -120$

Division

Zwei rationale Zahlen werden dividiert, indem man die Beträge dividiert.
- Haben Dividend und Divisor das gleiche Vorzeichen, ist der Quotient positiv.
- Haben Dividend und Divisor unterschiedliche Vorzeichen, ist das Produkt negativ.

$(+5{,}6) : (+4) = +1{,}4$ $\quad \left(-\frac{3}{5}\right) : \left(-\frac{3}{10}\right) = +2$

$(-24) : (+4) = -6$ $\quad \left(+\frac{2}{9}\right) : (-4) = -\frac{1}{18}$

Vorzeichenregeln, kurz gefasst:

+ : + = + $\quad$ − : − = +
+ : − = − $\quad$ − : + = −

Die Division einer rationalen Zahl durch eine andere entspricht der **Multiplikation mit dem Kehrwert:** $a : b = a \cdot \frac{1}{b}$

$\left(-\frac{2}{5}\right) : (+8) = \left(-\frac{2}{5}\right) \cdot \left(+\frac{1}{8}\right) = -\frac{2}{40} = -\frac{1}{20}$

$(-7) : \left(-\frac{7}{6}\right) = (-7) \cdot \left(-\frac{6}{7}\right) = +6$

Beachte: Durch null darf man nicht dividieren.

$-5 : 0$ und somit $\frac{-5}{0}$ ist nicht definiert.

Merke: Wird eine rationale Zahl mit −1 multipliziert oder durch −1 dividiert, verändert sich das Vorzeichen der Zahl.

$(-3{,}5) \cdot (-1) = +3{,}5$ $\quad (+4{,}1) : (-1) = -4{,}1$

$\left(-3\frac{7}{8}\right) \cdot (-1) = +3\frac{7}{8}$ $\quad \left(+1\frac{2}{3}\right) : (-1) = -1\frac{2}{3}$

Rechengesetze

Auch im Bereich der rationalen Zahlen gelten das Kommutativ- und das Assoziativgesetz der Addition und der Multiplikation sowie das Distributivgesetz (↑ Kap. 1.3).

$2\frac{1}{2} \cdot 3\frac{4}{5} + \frac{3}{8} \cdot 2\frac{1}{2} \overset{KG}{=} 2\frac{1}{2} \cdot 3\frac{4}{5} + 2\frac{1}{2} \cdot \frac{3}{8}$

$\overset{DG}{=} 2\frac{1}{2}\left(3\frac{4}{5} + \frac{3}{8}\right) = 10\frac{7}{16}$

Im Bereich der rationalen Zahlen $\mathbb{Q}$ sind alle Grundrechenoperationen (außer dem Dividieren durch 0) uneingeschränkt ausführbar.
$\mathbb{N}$ – natürliche Zahlen, $\mathbb{Q}^+$ – Bruchzahlen, $\mathbb{Z}$ – ganze Zahlen, $\mathbb{Q}$ – rationale Zahlen

	+	−	·	:
$\mathbb{N}$	✓		✓	
$\mathbb{Q}^+$	✓		✓	✓
$\mathbb{Z}$	✓	✓	✓	
$\mathbb{Q}$	✓	✓	✓	✓

WISSEN

ÜBUNG 11 **Addiere bzw. subtrahiere im Kopf. Beachte das Setzen des richtigen Vorzeichens. Überprüfe deine Ergebnisse.**

a) $(+27) + (-43)$ b) $(-495) + (-72)$ c) $(-12{,}5) + (33{,}6)$

d $\left(-\frac{5}{11}\right) + \left(+\frac{4}{5}\right)$ e) $\left(+2\frac{3}{7}\right) + \left(-5\frac{6}{7}\right)$ f) $(+4{,}2) + \left(+\frac{4}{5}\right)$

g) $\left(-\frac{4}{15}\right) - \left(+\frac{9}{10}\right)$ h) $(+36) - \left(-12\frac{7}{8}\right)$ i) $(-23{,}6) - (-45{,}2)$

j) $\left(-9\frac{5}{14}\right) - \left(+5\frac{5}{7}\right)$ k) $(+4{,}5) - \left(-3\frac{1}{2}\right)$ l) $(-6{,}7) + (+6{,}7)$

ÜBUNG 12 **Löse folgende Aufgaben. Ordne zuerst nach Vorzeichen.**

a) $(+89) + (+45{,}6) + (+17{,}4) + (+34{,}95) + (+204) + (+91{,}6)$

b) $(-32{,}05) + (-2{,}89) + (-10{,}78) + (+65{,}7) + (-7{,}06) + (+0{,}93)$

c) $\left(-\frac{7}{4}\right) + \left(-\frac{3}{8}\right) + \left(-\frac{5}{12}\right) + \left(-\frac{15}{4}\right) + \left(-\frac{17}{12}\right) + \left(-\frac{13}{6}\right) + \left(-\frac{35}{8}\right)$

d) $\left(-2\frac{2}{5}\right) + \left(-2\frac{7}{10}\right) + \left(-5\frac{3}{4}\right) + \left(+\frac{5}{12}\right) + \left(+3\frac{3}{10}\right) + \left(-5\frac{5}{6}\right) + \left(+12\frac{1}{3}\right)$

e) $(-2{,}3) + (-2{,}3) + (-2{,}3) + (-2{,}3) + (-2{,}3) + (-2{,}3) + (-2{,}3)$

ÜBUNG 13 **Löse die Aufgaben. Beachte das Setzen des richtigen Vorzeichens. Überprüfe dein Ergebnis durch einen Überschlag.**

a) $(-2{,}5) \cdot (+3{,}4)$ b) $(-0{,}08) \cdot (-20)$ c) $\left(+\frac{5}{12}\right) \cdot (-4)$

d) $\left(-5\frac{1}{4}\right) \cdot \left(-3\frac{1}{9}\right)$ e) $\left(+\frac{1}{120}\right) \cdot \left(+2\frac{2}{5}\right)$ f) $\left(-\frac{1}{3}\right) \cdot \left(-4\frac{1}{5}\right)$

g) $(-4{,}92) \cdot \left(-\frac{1}{3}\right)$ h) $(+0{,}75) \cdot \left(-3\frac{1}{5}\right)$ i) $(-2) \cdot (-21) \cdot \left(-\frac{1}{105}\right)$

j) $\left|+\frac{28}{5}\right| \cdot \left(-\frac{12}{5}\right) \cdot \left(+\frac{15}{4}\right) \cdot \left(-\frac{32}{9}\right)$

k) $(-5{,}5) \cdot (-2{,}2) \cdot \left(-\frac{3}{5}\right) \cdot (+3)$

ÜBUNG 14 **Berechne die Terme.**

a) $(-2) : (+0{,}065)$ b) $(-135) : (-0{,}15)$ c) $\left(-\frac{45}{8}\right) : \left(+\frac{57}{8}\right)$

d) $\left(+5\frac{7}{16}\right) : \left(-5\frac{5}{8}\right)$ e) $(+0{,}068) : (-0{,}0034)$ f) $(-6{,}5) : \left(-\frac{4}{13}\right)$

g) $-125 : \left(-1\frac{1}{25}\right)$ h) $5\frac{1}{3} : \left(-\frac{9}{16}\right)$ i) $\left(-4\frac{4}{5}\right) : (-2{,}4)$

ÜBUNG 15 Übertrage die Tabelle in dein Übungsheft. Berechne die fehlenden Werte. Überprüfe durch einen Überschlag bei jeder Aufgabe, ob deine Lösung richtig ist.

x	$+3$	-5	-28	$+\frac{11}{8}$	$-\frac{4}{5}$	$-\frac{22}{3}$	-60	$-5{,}3$	$+2{,}7$
y	-11	$+21$	-9	$-\frac{16}{23}$	$-\frac{15}{8}$	$+\frac{23}{44}$	$-\frac{9}{5}$	$+0{,}8$	$+62$
$x \cdot y$									
$(-x) \cdot y$									
$x \cdot (-y)$									
$(-x) \cdot (-y)$									
$-(x \cdot y)$									

WISSEN

Klammern auflösen
Steht vor einer Klammer ein Pluszeichen, kann man die Klammer einfach weglassen.
$a + (b + c) = a + b + c$
Steht vor einer Klammer ein Minuszeichen, muss man alle Vorzeichen in der Klammer umkehren.
$a - (b + c) = a - b - c$

$-6{,}5 + (2{,}6 + 3{,}7 - 13{,}1)$
$= -6{,}5 + 2{,}6 + 3{,}7 - 13{,}1 = -13{,}3$

$\frac{3}{8} + \frac{1}{5} - \left(\frac{2}{3} - \frac{9}{10} + \frac{1}{4}\right)$
$= \frac{3}{8} + \frac{1}{5} - \frac{2}{3} + \frac{9}{10} - \frac{1}{4} = \frac{67}{120}$

ÜBUNG 16 Berechne die Terme.

a) $-(24 - 89 + 28) + (-91 + 24)$
b) $-\left(1\frac{1}{2} - 2\frac{1}{8} + \frac{3}{4}\right) - \left(-\frac{1}{2} + \frac{4}{5}\right)$
c) $13{,}7 - \left(2\frac{3}{8} - 4{,}4\right) - \left(7{,}4 - 1\frac{1}{8}\right)$
d) $-3{,}9 - \left(\frac{1}{3} + 2{,}1 - \frac{4}{5}\right)$
e) $\left(\left(-\frac{3}{4}\right) : \frac{5}{6}\right) \cdot \left(-1\frac{5}{9}\right) \cdot \left(-\frac{5}{6}\right)$
f) $\left(\left(-\frac{2}{5}\right) : (-4)\right) \cdot \left(\left(-\frac{5}{3}\right) : \left(-\frac{1}{6}\right)\right)$

ÜBUNG 17 Berechne durch Ausklammern.

a) $\frac{2}{3} \cdot (-9) - 12 \cdot \frac{2}{3}$
b) $\frac{2}{3} \cdot \frac{4}{5} - \frac{5}{6} \cdot \frac{2}{5} - \frac{2}{5}$
c) $-2\frac{1}{3} \cdot \frac{2}{5} + \frac{7}{3} \cdot \frac{1}{2}$
d) $4{,}8 \cdot (-1{,}3) + 1{,}3 \cdot (-1{,}2)$
e) $1\frac{1}{2} \cdot \frac{2}{3} - \frac{4}{3} \cdot \left(-1\frac{1}{2}\right)$

WISSEN +

Rationale Zahlen potenzieren
Brüche potenziert man, indem man Zähler **und** Nenner mit dem Exponenten potenziert.
Beim Potenzieren von Dezimalzahlen muss man darauf achten, dass man das Komma richtig setzt.

Das Potenzieren einer Dezimalzahl ist leicht und übersichtlich, wenn man sie als Bruch schreibt.
Beachte das Vorzeichen der Basis.

$$\left(-\frac{3}{8}\right)^3 = \left(-\frac{3}{8}\right)\cdot\left(-\frac{3}{8}\right)\cdot\left(-\frac{3}{8}\right) = -\frac{3\cdot 3\cdot 3}{8\cdot 8\cdot 8}$$
$$= -\frac{3^3}{8^3} = -\frac{27}{512}$$

$$0{,}3^4 = 0{,}3\cdot 0{,}3\cdot 03\cdot 0{,}3 = 0{,}0081$$

$$0{,}3^4 = \left(\frac{3}{10}\right)^4 = \frac{3^4}{10^4} = \frac{81}{10\,000} = 0{,}0081$$

$$\left(-\frac{2}{3}\right)^3 = -\frac{8}{27} \qquad \left(-\frac{2}{3}\right)^4 = +\frac{16}{81}$$

ÜBUNG 18 Berechne die Potenzen.

a) $\frac{2^3}{5}$ b) $(-0{,}2)^3$ c) $\left(-\frac{2}{5}\right)^3$

d) $-\frac{(-5)^3}{-11}$ e) $-\frac{9^2}{10^4}$ f) $\left(-\frac{2}{3}\right)^3\cdot(-7)$

g) $(-10)^3\cdot 1{,}2^2$ h) $(-1)^{57}\cdot\left(-\frac{4}{5}\right)^2$ i) $\left(-\frac{2}{5}\right)^3 : \left(\frac{5}{12}\right)^2$

ÜBUNG 19 Berechne die Terme in deinem Übungsheft.

a) $\left(-\left(-\frac{2}{3}\right)^2\right)\cdot(-0{,}8)^2$ b) $\left(-1\frac{1}{3}\right)^3\cdot\left(-1\frac{1}{2}\right)^2\cdot\left(-\frac{3}{4}\right)$

c) $\frac{0{,}42^2\cdot(-0{,}05)\cdot(-150)}{(-0{,}56)^2 : 0{,}08}$ d) $\left(-2\frac{1}{8}\right)^2\cdot 1{,}04\cdot\frac{1}{-0{,}625}$

ÜBUNG 20 Rechne vorteilhaft.

a) $\frac{23\cdot 5 - 23\cdot 13}{23\cdot 4}$ b) $\frac{5\cdot\frac{3}{7} - 13\cdot\frac{3}{7} + 5\cdot\frac{3}{7}}{4\cdot\frac{3}{7}}$ c) $\frac{(-5{,}7)\cdot(-2{,}7) + (-5{,}7)\cdot(-10{,}8)}{8{,}1 + 5{,}4}$

ÜBUNG 21 Löse folgende Gleichungen. Führe eine Probe durch, indem du deine Ergebnisse in die ursprüngliche Gleichung einsetzt. (Tipp: Verwende Umkehroperationen ↑ Kap. 1.3.)

a) $3\cdot x = \left(-4\frac{1}{2}\right)\cdot\frac{1}{3}$ b) $-\frac{3}{4}\cdot x = \frac{2}{5} : \left(-\frac{3}{5}\right)$

c) $-\frac{3}{5}\cdot x = 0{,}3 : (-6)$ d) $x : \left(2\frac{1}{2} - 3\cdot(-1{,}5)\right) = 1\frac{1}{5} - 5$

ÜBEN

ÜBUNG 22 **Bearbeite die Aufgaben zum Umgang mit Geld in deinem Übungsheft.**

a) Bei einem Kontostand von −135,60 € werden 289,00 € eingezahlt. Gib den neuen Kontostand an.
b) Der alte Kontostand betrug −32,75 €, der neue Kontostand 224,00 €. Welche Kontobewegung fand statt?
c) Auf einem Konto mit dem Stand von 453,70 € werden an einem Tag gebucht: 587,45 € Gutschrift; 344,09 € Lastschrift. Wie viel ist jetzt auf dem Konto?

ÜBUNG 23 **Stelle einen Term auf und berechne ihn.**

a) Von welcher Zahl muss man −7,12 subtrahieren, um $10\frac{4}{5}$ zu erhalten?
b) Welche Zahl muss man zu $-17\frac{5}{12}$ addieren, um $17\frac{5}{12}$ zu erhalten?
c) Dividiere die Summe von $\frac{3}{8}$ und $-1\frac{2}{3}$ durch das Produkt dieser Zahlen.
d) Um wie viel ist das Produkt von $-2\frac{2}{5}$ und 6,5 größer als das 4-Fache von $-3\frac{3}{4}$?

WISSEN +

Brüche und Dezimalzahlen im Taschenrechner
Taschenrechner erleichtern uns das Lösen von Aufgaben. Viele dieser Rechner arbeiten unterschiedlich; man muss lernen, mit ihnen umzugehen.

Tipps zum Rechnen mit Brüchen:

- Mit der Taste [a b/c] kann man Bruchzahlen, echte und unechte, auch gemischte Zahlen eingeben.
- Mit der Tastenfolge [2nd] [a b/c] kann man unechte Brüche in eine gemischte Zahl umwandeln und umgekehrt.
- Mit der Tastenfolge [2nd] [←] kann man einen Bruch in eine Dezimalzahl umwandeln und umgekehrt.

$\frac{5}{16}$ [5] [a b/c] [1] [6]
Display: 5⌟16

$6\frac{7}{12}$ [6] [a b/c] [7] [a b/c] [1] [2]
Display: 6⌟7⌟12

$1\frac{2}{3}+\frac{4}{5}$
[1] [a b/c] [2] [a b/c] [3] [+] [4] [a b/c] [5]
Ergebnis: $2\frac{7}{15}$ Display: 2⌟7⌟15

$\frac{35}{6}$ [3] [5] [a b/c] [6] [2nd] [a b/c]
Display: 35⌟6 wird 5⌟5⌟6

$\frac{3}{8}$ [3] [a b/c] [8] [2nd] [←]
Display: 3⌟8 wird 0,375

Thementest 1

60 Minuten

AUFGABE 1 **Markiere folgende Zahlen auf einer Zahlengeraden (1 Einheit = 1 cm).**

A: $-3{,}5$; B: $-2\frac{1}{4}$; C: -1; D: $\frac{4}{3}$; E: 0; F: $\frac{2}{5}$; G: 1,4; H: $\frac{-9}{-9}$; I: $3\frac{3}{4}$; J: 4

AUFGABE 2 **Setze die Zahlenfolgen um jeweils fünf Zahlen fort.**

a) $-3\frac{4}{7}; -2\frac{5}{7}; -1\frac{6}{7}; -1; \ldots$

b) $+0{,}21; +0{,}16; +0{,}11; +0.{,}06; \ldots$

AUFGABE 3 **Welchen Abstand haben die Zahlen voneinander? Was haben sie gemeinsam?**

a) $+4{,}9$ und $-4{,}9$ b) $-4\frac{2}{7}$ und $+4\frac{2}{7}$ c) $+9\frac{8}{9}$ und $-9\frac{8}{9}$ d) $+\frac{3}{13}$ und $-\frac{3}{13}$

AUFGABE 4 **Löse folgende Aufgaben. Führe zuerst einen Überschlag durch.**

a) $-\frac{7}{15}-\frac{9}{10}-\frac{3}{4}$

b) $-2{,}7 - \left(+\frac{16}{5}\right)$

c) $(-4)\cdot\left(-\frac{3}{8}\right)\cdot\left(+\frac{1}{12}\right)$

d) $\left(-\frac{2}{5}\right)^3\cdot\left(-2\frac{1}{2}\right)^2$

e) $6\frac{3}{4}-\left[8\frac{1}{8}-\left(-1\frac{3}{5}+2\frac{2}{15}\right)+2\right]$

AUFGABE 5 **Schreibe als mathematischen Term und berechne den Wert des Terms.**

a) Vom Produkt aus 45,4 und -5 wird der Quotient aus 12,5 und $-0{,}04$ subtrahiert.

b) Die Differenz der Zahlen $-12\frac{4}{5}$ und $-24{,}8$ wird durch die Summe von $-19{,}2$ und $-\frac{24}{5}$ dividiert.

AUFGABE 6 **Löse die folgenden Gleichungen. Denke an die Probe. (Tipp: Verwende Umkehroperationen ↑ Kap. 1.3.)**

a) $x : \left(-3\frac{1}{5}\right) = (-4{,}5) : \left(2{,}9 + 6\frac{1}{10}\right)$

b) $0{,}5\cdot(-4)\cdot x = \dfrac{\frac{1}{5}\cdot(-4)}{-3+11}$

AUFGABE 7 **Ein Quader hat folgende Außenmaße: Länge 145 cm, Breite 0,85 m und Höhe 4,2 dm. Die Wanddicke beträgt 50 mm. Welches Volumen haben die Wände des Quaders? (Tipp: Das Volumen eines Quaders ist gleich Länge × Breite × Höhe.)**

Thementest 2

70 Minuten

AUFGABE 8 **Ordne die Zahlen der Größe nach. Beginne mit der kleinsten Zahl. Setze <, = oder > ein.**

a) $-\frac{1}{3}; +\frac{1}{3}; +0{,}3; -0{,}33; 0; -0{,}3; +0{,}\overline{3}; +0{,}333; -0{,}\overline{3}$

b) $-\frac{1}{4}; +\frac{3}{12}; -\frac{4}{16}; +0{,}25; +\frac{4}{3}; +0{,}\overline{25}; -\frac{12}{9}; +\frac{1}{4}; +1{,}3; -1{,}33; +1{,}\overline{3}; -1{,}\overline{3}$

AUFGABE 9 **Löse folgende Aufgaben. Ein Überschlag macht dich sicherer.**

a) $\left(+3\frac{1}{2}\right) \cdot (-4{,}5) \cdot (-2)$
b) $\left(-\frac{3}{5}\right) \cdot (-4) \cdot \left(-\frac{2}{3}\right)$
c) $(-2{,}9) \cdot \left(-\frac{4}{3}\right) \cdot 15$
d) $\left(-\frac{8}{9}\right) : \left(+\frac{13}{9}\right)$
e) $\left(-5\frac{5}{7}\right) : (-2{,}25)$
f) $\left(\frac{3}{2} - \frac{3}{4}\right) : \left(\frac{5}{4} - \frac{5}{6}\right)$

AUFGABE 10 **Welche Vorzeichen kann ein Produkt aus vier rationalen Zahlen haben? Unterscheide alle möglichen Fälle.**

AUFGABE 11 **Stelle einen Term auf und berechne den Wert des Terms.**

a) Die Summe der Zahlen 13,9 und −23,9 wird mit der Summe aus −12 und 16,5 multipliziert.
b) Es wird die Differenz der Quotienten aus den Zahlen −72 und −9 sowie 108 und −12 gebildet.

AUFGABE 12 **Ergänze die fehlenden Zahlen in den magischen Quadraten so, dass die Zeilensummen und die Spaltensummen gleich sind.**

a)

	2,6		0,5
	−0,1		
1,8	−0,3	0,2	
0,7	−1		0,8

b)

		$-\frac{1}{4}$	−1
	$-\frac{1}{2}$	$-\frac{1}{2}$	
		$-\frac{1}{4}$	$1\frac{1}{2}$
$1\frac{1}{4}$		1	$-1\frac{3}{4}$

AUFGABE 13 **Welche Zahl musst du für x einsetzen? (Tipp: Verwende Umkehroperationen ↑ Kap. 1.3.)**

a) $13{,}24 + x = 22{,}07$
b) $x - 4{,}06 = 0{,}72$
c) $3{,}09 \cdot x = 2{,}163$
d) $9{,}56 : x = 38{,}24$

Abschlusstest

90 Minuten

AUFGABE 1 **Gib mindestens drei Bruchzahlen für x an, für die die Anordnung stimmt.**

a) $\frac{1}{2} < x < \frac{3}{4}$
b) $\frac{7}{9} < x < \frac{8}{9}$
c) $-\frac{25}{7} < x < -\frac{24}{9}$
d) $-\frac{8}{12} < x < -\frac{7}{12}$
e) $\frac{15}{4} < x < \frac{9}{2}$
f) $-2\frac{1}{2} > x > -2\frac{2}{3}$

AUFGABE 2 **Ordne der Größe nach. Beginne mit der kleinsten Zahl, setze Relationszeichen (<, >, =).**

$-\frac{1}{3}$; $+\frac{1}{3}$; $+0{,}3$; $-0{,}33$; 0; $-0{,}3$; $+0{,}\overline{3}$; $+0{,}333$; $-0{,}\overline{3}$

AUFGABE 3 **Setze zwischen die folgenden zwei Zahlen eines der drei Relationszeichen <, = oder >.**

a) $-17 \quad \square \quad -24$
b) $+12{,}5 \quad \square \quad -\frac{25}{2}$
c) $|-7{,}1| \quad \square \quad |+7{,}1|$
d) $\left|-\frac{7}{3}\right| \quad \square \quad +2{,}\overline{3}$
e) $\left|-\frac{7}{3}\right| \quad \square \quad |+2{,}3|$
f) $-\frac{15}{4} \quad \square \quad 0$
g) $19{,}3 \quad \square \quad |-19{,}3|$
h) $|-11{,}1| \quad \square \quad |0|$

AUFGABE 4 **Addiere bzw. subtrahiere. Überlege dir die günstigste Vorgehensweise.**

a) $\frac{5}{9} + \frac{2}{3}$
b) $2\frac{4}{5} + 5\frac{3}{4}$
c) $\frac{7}{8} - \frac{5}{6}$
d) $\frac{25}{12} - 1\frac{9}{10}$
e) $20{,}4 - 18{,}9$
f) $5{,}6 - 10{,}4$
g) $\frac{5}{8} - 0{,}62$
h) $13{,}1 + 4\frac{4}{5}$

AUFGABE 5 **Multipliziere.**

a) $(-27) \cdot (-12) \cdot \left(-\frac{2}{3}\right) \cdot 0 \cdot (+1{,}4)$
b) $(-7{,}5) \cdot (-6) \cdot \left(-\frac{1}{2}\right)$
c $\left(-3\frac{2}{5}\right) \cdot (-2{,}1)$
d) $(-6{,}5) \cdot (+13{,}2)$
e) $(+0{,}573) \cdot \frac{1}{3}$
f) $(-1{,}5)^4$
g) $\left(-\frac{2}{3}\right)^3 \cdot (-108)$
h) $\left(-\frac{1}{4}\right)^2 \cdot \left(-\frac{2}{5}\right)^3$

AUFGABE 6 Berechne die Terme. Beachte die Struktur des jeweiligen Terms und damit die Schrittfolge.

a) $\left(-\frac{3}{8}\right)\cdot\left(-\frac{8}{5}\right)+\left(-2\frac{2}{5}\right)$

b) $(-5{,}3+3{,}9-9{,}1):(-6)$

c) $\left[8+\left(-1\frac{3}{8}\right)\cdot\left(-\frac{3}{4}\right)\right]$

d) $0{,}25:(-0{,}5)-(-3{,}25):(-0{,}5)$

e) $\left(\frac{3}{2}-\frac{4}{3}+1\frac{5}{6}\right):\left(-\frac{9}{5}\right)$

f) $-5{,}7\cdot\frac{2}{9}-\frac{4}{5}\cdot\frac{11}{3}+16$

AUFGABE 7 Ergänze das nebenstehende magische Quadrat so, dass die Summe jeder Zeile, jeder Spalte und jeder Diagonale jeweils 3 beträgt.

$1\frac{16}{21}$		
$\frac{1}{7}$	1	

AUFGABE 8 Berechne die Doppelbrüche.

a) $\dfrac{-\frac{2}{5}}{-\frac{1}{4}}$

b) $\dfrac{\frac{1}{5}-\frac{1}{4}}{\frac{1}{5}\cdot\frac{1}{4}}$

c) $\dfrac{7\cdot\left(-\frac{3}{7}\right)+13}{3\frac{1}{6}-1\frac{2}{3}}$

AUFGABE 9 Auf die Frage, wie alt Jonas und sein Bruder seien, antwortet dieser: „$\frac{5}{12}$ meines Alters betragen gerade so viel wie $\frac{2}{3}$ vom Alter meines Bruders. Ich bin außerdem 9 Jahre älter als mein Bruder.“ Wie alt ist jeder der beiden?

AUFGABE 10 Maria gibt auf der Klassenfahrt von ihrem Geld erst die Hälfte, dann ein Drittel vom Rest aus und behält am Schluss 3,00 € übrig. Leonie gibt von ihrem Geld ein Fünftel und dann ein Drittel aus und behält 2,10 € übrig. Wie viel Geld hatte jede der Schülerinnen zu Beginn der Klassenfahrt bei sich?

1 Natürliche Zahlen

ÜBUNG 1 **S. 6**
a) Vorgänger: 8 (11, 98, 119, 1001); Nachfolger: 10, 13, 100, 121, 1003; **b)** 0 ; **c)** 0, 1, 2, 3, 4, 5, 6; **d)** Nein, es sind unendlich viele.

ÜBUNG 2 **S. 6**

	Billiarden			Billionen			Milliarden			Millionen			Tausender					
	H	Z	E	H	Z	E	H	Z	E	H	Z	E	H	Z	E	H	Z	E
a)										8	1	0	0	0	4	5	6	7
b)		6	7	7	7	7	9	9	0	0	6	5	4	0	0	0	0	
c)								6	4	5	0	0	9	9	0	0	4	4
d)					3	0	0	7	7	0	0	0	9	8	7	0	0	

ÜBUNG 3 **S. 6**
228; 812; 821; 1082; 1280; 1802; 2028; 2208; 8011; 8012; 8021

ÜBUNG 4 **S. 6**
a) >; >; <; **b)** >; <; <

ÜBUNG 5 **S. 6**

	A	B	C	D
a)	7	23	38	57
b)	700 000	1 500 000	2 700 000	4 300 000

	E	F	G	H
a)	70	82	86	93
b)	5 700 000	7 800 000	8 600 000	9 300 000

ÜBUNG 6 **S. 6**
a) 350; **b)** 2350; **c)** 450 000

ÜBUNG 7 **S. 8**
a) 591; **b)** 1242; **c)** 307; **d)** 1407; **e)** 110; **f)** 166; **g)** 548; **h)** 186; **i)** 0; **j)** 111; **k)** 800; **l)** 696

ÜBUNG 8 **S. 8**

–	399	**512**	**577**	**453**	**451**
866	**467**	**354**	**289**	**413**	415
971	**572**	459	**394**	**518**	520
689	**290**	**177**	112	**236**	238
999	**600**	**487**	**422**	546	548
673	274	161	96	220	**222**

ÜBUNG 9 **S. 8**
a) +; **b)** –; **c)** +; –; **d)** –; **e)** +; **f)** –; +

ÜBUNG 10 **S. 8**
a) 85 385; **b)** 3272; **c)** 1; **d)** 5450; **e)** 140; **f)** 35 456

ÜBUNG 11 **S. 9**
a) 2282; **b)** 2432; **c)** 750; **d)** 1095; **e)** 22 820; **f)** 24 320; **g)** 75 000; **h)** 109 500; **i)** 228 200; **j)** 243 200; **k)** 7 500 000; **l)** 109 500; **m)** 9; **n)** 20; **o)** 18; **p)** 715; **q)** 90; **r)** 200; **s)** 18; **t)** 127; **u)** 90; **v)** 200; **w)** 27; **x)** 120

ÜBUNG 12 **S. 9**
a) 316 710; **b)** 549 142; **c)** 661; **d)** 109

ÜBUNG 13 **S. 9**
a) $23 \cdot 11 - 96 : 12 = 245$; **b)** $8 \cdot 385 : 11 = 280$

ÜBUNG 14 **S. 9**
a) >; **b)** <; **c)** <; **d)** >; **e)** <; **f)** <

ÜBUNG 15 **S. 9**
a) 25, **b)** 1; **c)** 1; **d)** 100 000; **e)** 8; **f)** 3000

ÜBUNG 16 **S. 11**

a	b	c	$a \cdot b + c$	$a + b \cdot c$	$a + b + c$
16	8	4	**132**	**48**	**28**
48	**24**	8	1160	240	**80**

a	b	c	$(a + b) \cdot c$	$a : b + c$	$a : (b - c)$
16	8	4	**96**	**6**	**4**
48	**24**	8	**576**	**10**	**3**

ÜBUNG 17 **S. 11**
a) 711; **b)** 1000; **c)** 1220; **d)** 920; **e)** 17 000; **f)** 81 000

ÜBUNG 18 **S. 11**
a) 161; **b)** 648; **c)** 456; **d)** 1805; **e)** 2870; **f)** 187; **g)** 1760; **h)** 335

ÜBUNG 19 **S. 11**
a) $(102 + 98) \cdot 9 = 1800$; **b)** $14 \cdot (46 + 54) = 1400$; **c)** $32 \cdot (36 - 16) = 640$

ÜBUNG 20 **S. 11**
a) $x = 128$; **b)** $x = 229$; **c)** $x = 769$; **d)** $x = 1907$; **e)** $x = 138$; **f)** $x = 392$

ÜBUNG 21 **S. 11**
$576 : 12 : 6 = 8$; der Stundenlohn betrug 8 €.

Thementest

AUFGABE 1 S. 12
a) 4567 + 3001 = 7568; **b)** 12 309 – 2561 = 9748;
c) 6049 + 729 + 3899 = 10 677

AUFGABE 2 S. 12
m, n ∈ ℕ; **a)** 2 · n (oder 2n); 3n; 10n; **b)** 5n + 9;
c) m · n – 4n

AUFGABE 3 S. 12
Ergebnisse (der Reihe nach im Uhrzeigersinn):
a) 96; 480; 48; 192; 24; **b)** 20; 5; 15; 120; 10

AUFGABE 4 S. 12
a) Wird der erste Faktor verdoppelt, vervierfacht bzw. halbiert, dann wird das Produkt verdoppelt, vervierfacht bzw. halbiert.
b) Wenn der erste Faktor verdoppelt und der zweite halbiert wird, verändert sich das Produkt nicht.

AUFGABE 5 S. 12
Die Einnahmen betragen 285 €.

AUFGABE 6 S. 12
Ben stapelte 288 Steine auf.

2 Teilbarkeit natürlicher Zahlen

ÜBUNG 1 S. 15
Durch 3 teilbar sind: **a)** 120, 360, 474, 1002;
b) 84, 357, 723, 1221, 2358

ÜBUNG 2 S. 15
Durch 9 teilbar sind: **a)** 54, 108, 981, 1008, 20 979; **b)** 0, 18, 81, 5616, 129 456

ÜBUNG 3 S. 15
Durch 4 teilbar sind: 276, 580, 2008, 23 400

ÜBUNG 4 S. 15
Durch 8 teilbar sind: 27 808, 45 672

ÜBUNG 5 S. 15
Kriterien: **a)** am Ende 0; **b)** am Ende zwei Nullen;
c) am Ende drei Nullen; **d)** am Ende 0 oder 5;
e)

Teilbar durch	120	229	3006	7800	10 010	27 300
10	x	–	–	x	x	x
100	–	–	–	x	–	x
1000	–	–	–	–	–	–
5	x	–	–	x	x	x

ÜBUNG 6 S. 15
a) 1002; **b)** 9999; **c)** 996

ÜBUNG 7 S. 15
60 Gruppen zu je 2; 30 Gruppen zu je 4; 20 Gruppen zu je 6; 15 Gruppen zu je 8; 12 Gruppen zu je 10; 10 Gruppen zu je 12; 8 Gruppen zu je 15; 6 Gruppen zu je 20; 4 Gruppen zu je 30; 2 Gruppen zu je 60.

ÜBUNG 8 S. 15
1772 müsste die Summe aus einem Vielfachen von 6 und einem Vielfachen von 9 sein. Damit müsste 1772 durch 3 teilbar sein, was aber nicht der Fall ist (Die Quersumme ist 17).

ÜBUNG 9 S. 17
a) 2, 3, 5, 7; **b)** 23, 37, 43, 47, 53; **c)** 71, 73, 79, 83, 89; **d)** Wenn nur 1 und die Zahl selbst Teiler sind, handelt es sich um eine Primzahl.

ÜBUNG 10 S. 17
a) 11, 31, 41; **b)** 3, 13, 23, 43, 53; **c)** 7, 17, 37, 47;
d) 19, 29, 59

ÜBUNG 11 S. 17
a) 2, 3, 5, 7; **b)** 11, 13, 17, 19, 23; **c)** 2, 3, 5, 7, 11, 13, 17, 19; **d)** 101, 103, 107, 109; **e)** unendlich viele Primzahlen sind größer als 200; beginnend mit 211; **f)** keine

ÜBUNG 12 S. 17
a) 97; **b)** 101

ÜBUNG 13 S. 17
a) Quersummen durch 3 teilbar, also ist auch die Zahl mindestens durch 3 teilbar; **b)** siehe **a)**

ÜBUNG 14 S. 17
a) 60; **b)** 100; **c)** 132; **d)** 420; **e)** 256; **f)** 1200;
g) 675; **h)** 330

ÜBUNG 15 **S. 17**

a) $48 = 2 \cdot 2 \cdot 2 \cdot 2 \cdot 3 = 2^4 \cdot 3$
b) $120 = 2 \cdot 2 \cdot 2 \cdot 3 \cdot 5 = 2^3 \cdot 3 \cdot 5$
c) $580 = 2 \cdot 2 \cdot 5 \cdot 29 = 2^2 \cdot 5 \cdot 29$
d) $856 = 2 \cdot 2 \cdot 2 \cdot 107 = 2^3 \cdot 107$
e) $1872 = 2 \cdot 2 \cdot 2 \cdot 2 \cdot 3 \cdot 3\ 13 = 2^4 \cdot 3^2 \cdot 13$
f) $5000 = 2 \cdot 2 \cdot 2 \cdot 5 \cdot 5 \cdot 5 \cdot 5 = 2^3 \cdot 5^4$
g) $12450 = 2 \cdot 3 \cdot 5 \cdot 5 \cdot 83 = 2 \cdot 3 \cdot 5^2 \cdot 83$
h) $41400 = 2 \cdot 2 \cdot 2 \cdot 3 \cdot 3 \cdot 5 \cdot 5 \cdot 23 = 2^3 \cdot 3^2 \cdot 5^2 \cdot 23$

ÜBUNG 16 **S. 17**

a) 6; **b)** 35; **c)** 6; **d)** 48; **e)** 2; **f)** 2; **g)** 2; **h)** 45

ÜBUNG 17 **S. 18**

a) 20; **b)** 84; **c)** 216; **d)** 120; **e)** 1200; **f)** 420; **g)** 360; **h)** 2600

ÜBUNG 18 **S. 18**

2; 3; 5; 7; 11; 13; 17; 19; 23; 29; 31; 37; 41; 43; 47; 53; 59; 61; 67; 71; 73; 79; 83; 89; 97

ÜBUNG 19 **S. 18**

kgV (14; 15; 12) = 420; nach 420 Sekunden = 7 Minuten fahren die Autos gemeinsam durchs Ziel.

ÜBUNG 20 **S. 18**

kgV (24; 30) = 120; nach 120 Umdrehungen haben beide Kettenräder die gleiche Lage.

Thementest

AUFGABE 1 **S. 19**

a) $T_{20} = \{1, 2, 4, 5, 10, 20\}$
b) $T_{45} = \{1, 3, 5, 9, 15, 45\}$
c) $T_{60} = \{1, 2, 3, 4, 5, 6, 10, 12, 15, 20, 30, 60\}$
d) $T_{182} = \{1, 2, 7, 13, 14, 26, 91, 182\}$
e) $T_{215} = \{1, 5, 43, 215\}$
f) $T_{315} = \{1, 3, 9, 15, 21, 35{,}105, 315\}$

AUFGABE 2 **S. 19**

a) 23, 29; **b)** 31, 37; **c)** 61, 67; **d)** 97, 101, 103, 107, 109

AUFGABE 3 **S. 19**

a) 1530; 3453; **b)** 224; 1252; 9992; 10004; **c)** 351; 7560; 43299

AUFGABE 4 **S. 19**

a) 360; **b)** 1020

AUFGABE 5 **S. 19**

a) 19 992; **b)** 19 978

AUFGABE 6 **S. 19**

163 müsste durch 27, also auch durch 3 und 9 teilbar sein, ist es aber nicht, denn die Quersumme ist 10.

AUFGABE 7 **S. 19**

a) Nein. Der Umfang wird berechnet mit: U = 2(a + b), also einem Produkt.
b) Nein. Der Flächeninhalt wird berechnet mit: A = a · b, also einem Produkt.
Ausnahme: Die Länge der einen Seite entspricht einer Längeneinheit und die Maßzahl der anderen Seite ist eine Primzahl, z. B. 1 m · 3 m.

3 Brüche

ÜBUNG 1 **S. 22**

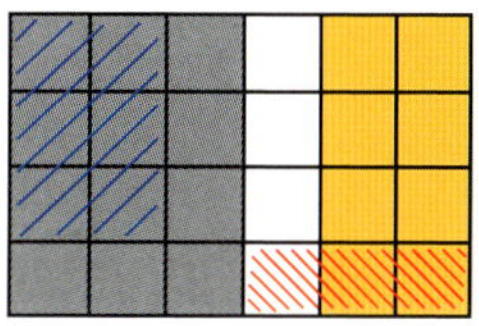

$\frac{1}{2}, \frac{1}{3}, \frac{1}{4}, \frac{1}{8}$

$\frac{5}{6} \mathrel{\hat=} 20$ Kästchen; $\frac{3}{4} \mathrel{\hat=} 18$ Kästchen; $\frac{2}{3} \mathrel{\hat=} 16$ Kästchen

ÜBUNG 2 **S. 22**

a) $\frac{4}{6}$; **b)** $\frac{6}{8}$; **c)** $\frac{10}{12}$

ÜBUNG 3 **S. 22**

a) $\frac{1}{4}$; **b)** $\frac{1}{2}$; **c)** $\frac{1}{8}$

ÜBUNG 4 **S. 22**

a) $\frac{2}{3}; \frac{1}{3}; \frac{0}{3} = 0; \frac{1}{5}, \frac{1}{20}; \frac{8}{43}$; **b)** $\frac{3}{6}; \frac{17}{20}; \frac{9}{10}; \frac{5}{11}; \frac{4}{9}; \frac{1}{100}$

ÜBUNG 5 **S. 22**

a) $\frac{2}{10}$ l; $\frac{6}{10}$ l; $\frac{4}{10}$ l; $\frac{9}{10}$ l; **b)** $\frac{2}{8}$ l; $\frac{5}{8}$ l; $\frac{6}{8}$ l

ÜBUNG 6 **S. 23**

$\frac{1}{2}$ kg = 500 g, $\frac{5}{2}$ kg = 2500 g
Es müssen 2500 g sein.

ÜBUNG 7 **S. 23**

a) $\frac{4}{12}$; **b)** $\frac{9}{12}$; **c)** $\frac{820}{1200}$; **d)** $\frac{6}{12}$; **e)** $\frac{1150}{1200}$; **f)** $\frac{250}{1200}$

ÜBUNG 8 **S. 23**

a)

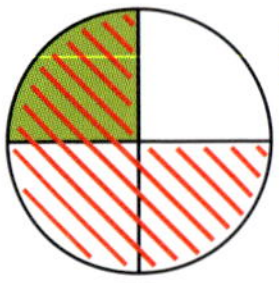

$\frac{1}{4}$; $\frac{3}{4}$

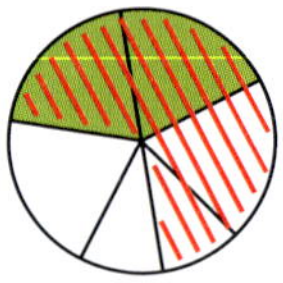

$\frac{2}{5}$; $\frac{7}{10}$

$\frac{11}{12}$; $\frac{1}{12}$

$\frac{1}{6}$

$\frac{0}{5}$ ist kein Teil des Kreises.

b) Vollkreis: 360°; Bruchteile aus **a)**: 180°, 270°, 144°, 60°, 252°, 30°, 330°, 0°

ÜBUNG 9 **S. 23**

b) $\frac{1}{4}$; **c)** $\frac{1}{6}$; **d)** $\frac{400}{1000}$; **e)** $\frac{800}{1000}$; **f)** $\frac{12}{3600}$; **g)** $\frac{1}{5}$; **h)** $\frac{1}{4}$; **i)** $\frac{3}{4}$

ÜBUNG 10 **S. 23**

a)

b)

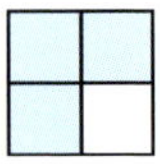

c)

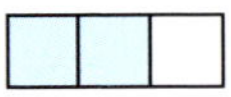

d)

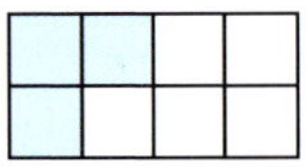

e)

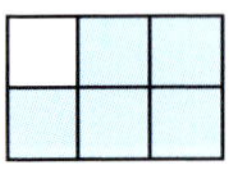

f)

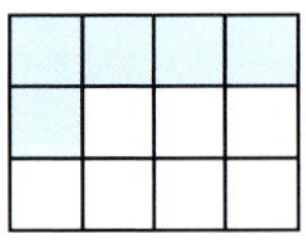

ÜBUNG 11 **S. 23**

$\frac{1}{12}$; $\frac{5}{12}$; $\frac{6}{12}$; $\frac{7}{12}$

ÜBUNG 12 **S. 23**

a) 9 €; **b)** 30 kg; **c)** 120 m; **d)** 70 m^2; **e)** 42 l; **f)** 28 km; **g)** 20 €; **h)** 63 t

ÜBUNG 13 **S. 24**

a) $\frac{12}{24}$ d; $\frac{3}{24}$ d; $\frac{8}{24}$ d; **b)** $\frac{10}{60}$ h; $\frac{15}{60}$ h; $\frac{30}{60}$ h; **c)** $\frac{1}{12}$ Jahr; $\frac{8}{12}$ Jahre; $\frac{11}{12}$ Jahre; **d)** $\frac{125}{1000}$ t; $\frac{200}{1000}$ t; $\frac{100}{1000}$ t

ÜBUNG 14 **S. 24**

a) 5 dm; **b)** 16 mm; **c)** 60 kg; **d)** 75 ct; **e)** 75 min; **f)** 3600 mm^3; **g)** 1000 cm^2; **h)** 2400 kg

ÜBUNG 15 **S. 24**

Nach dem Backen wiegt der Teig 12 640 g; 3160 g gehen verloren.

ÜBUNG 16 **S. 24**

Für den Nachmittag bleiben noch 6 km.

ÜBUNG 17 **S. 24**

3 Schüler haben eine 6 geschrieben.

ÜBUNG 18 **S. 24**

a) 24 CDs ; **b)** 82 Seiten; **c)** 82 Flaschen

ÜBUNG 19 **S. 24**

$\frac{500}{1000}$ kg; $\frac{200}{1000}$ kg; $\frac{100}{1000}$ kg; $\frac{50}{1000}$ kg; $\frac{20}{1000}$ kg; $\frac{10}{1000}$ kg; $\frac{5}{1000}$ kg; $\frac{2}{1000}$ kg; $\frac{1}{1000}$ kg

ÜBUNG 20 **S. 27**

a) $\frac{4}{6}, \frac{8}{10}, \frac{14}{12}, \frac{16}{18}, \frac{24}{14}, \frac{12}{6}, \frac{0}{8}, \frac{22}{22}$

b) $\frac{6}{9}, \frac{12}{15}, \frac{21}{18}, \frac{24}{27}, \frac{36}{21}, \frac{18}{9}, \frac{0}{12}, \frac{33}{33}$

c) $\frac{20}{30}, \frac{40}{60}, \frac{70}{60}, \frac{80}{90}, \frac{120}{70}, \frac{60}{30}, \frac{0}{40}, \frac{110}{110}$

ÜBUNG 21 **S. 27**

a) $\frac{16}{30}$; **b)** $\frac{24}{36}$; **c)** $\frac{35}{100}$; **d)** $\frac{49}{28}$; **e)** $\frac{112}{80}$; **f)** $\frac{60}{60}$; **g)** $\frac{171}{72}$; **h)** $\frac{0}{24}$

ÜBUNG 22 **S. 27**

a) $\frac{30}{60}, \frac{40}{60}, \frac{45}{60}, \frac{48}{60}, \frac{10}{60}, \frac{20}{60}, \frac{28}{60}, \frac{9}{60}, \frac{14}{60}, \frac{24}{60}$

b) $\frac{60}{120}, \frac{80}{120}, \frac{90}{120}, \frac{96}{120}, \frac{20}{120}, \frac{40}{120}, \frac{56}{120}, \frac{18}{120}, \frac{28}{120}, \frac{48}{120}$

c) $\frac{90}{180}, \frac{120}{180}, \frac{135}{180}, \frac{144}{180}, \frac{30}{180}, \frac{60}{80}, \frac{84}{180}, \frac{27}{180}, \frac{42}{180}, \frac{72}{180}$

ÜBUNG 23 **S. 27**

a) $\frac{2}{4}$; **b)** $\frac{12}{12}$; **c)** $\frac{4}{20}$; **d)** $\frac{15}{5}$; **e)** $\frac{6}{8}$; **f)** $\frac{25}{10}$; **g)** $\frac{20}{100}$

ÜBUNG 24 **S. 28**

$\frac{4}{5} \neq \frac{12}{20}$, sondern $\frac{16}{20}$; $\frac{4}{5} \neq \frac{24}{28}$, sondern $\frac{24}{30}$; $\frac{4}{5} \neq \frac{22}{30}$, sondern $\frac{24}{30}$; $\frac{4}{5} \neq \frac{58}{70}$, sondern $\frac{56}{70}$; $\frac{4}{5} \neq \frac{85}{120}$, sondern $\frac{96}{120}$; $\frac{4}{5} \neq \frac{165}{200}$, sondern $\frac{160}{20}$

ÜBUNG 25 **S. 28**

a) $\frac{2}{5}$; **b)** $\frac{4}{7}$; **c)** $\frac{5}{4}$; **d)** $\frac{2}{3}$; **e)** nicht kürzbar (41 Primzahl); **f)** $\frac{39}{10}$; **g)** $\frac{3}{10}$; **h)** $\frac{2}{23}$; **i)** $\frac{1}{18}$; **j)** nicht kürzbar ($3 \nmid 16$)

ÜBUNG 26 **S. 28**

a) Zähler: 360; 180; 36; 12; 3; Kürzungszahl: 240

b) Nenner: 126; 42; 21; 7. Der Bruch $\frac{4}{7}$ ist nicht mehr kürzbar, bis dahin ist die Kürzungszahl 36.

ÜBUNG 27 **S. 28**

a) Hauptnenner 60:

$\frac{1}{5} = \frac{12}{60}; \frac{2}{4} = \frac{30}{60}; \frac{3}{3} = \frac{60}{60}; \frac{4}{2} = \frac{120}{60}; \frac{5}{1} = \frac{300}{60}$

Die Zahlen sind bereits geordnet.

b) Hauptnenner 2040:

$\frac{97}{136} = \frac{1455}{2040}; \frac{41}{68} = \frac{1230}{2040}; \frac{19}{34} = \frac{1140}{2040}; \frac{9}{17} = \frac{1080}{2040};$

$\frac{59}{85} = \frac{1416}{2040}; \frac{3}{4} = \frac{1530}{2040}; \frac{40}{51} = \frac{1600}{2040};$

$\frac{1080}{2040} < \frac{1140}{2040} < \frac{1230}{2040} < \frac{1416}{2040} < \frac{1455}{2040} < \frac{1530}{2040} < \frac{1600}{2040}$

ÜBUNG 28 **S. 28**

a) $\frac{9}{12} < \frac{10}{12}$; **b)** $\frac{4}{10} < \frac{7}{10}$; **c)** $\frac{18}{60} < \frac{55}{60}$;

d) $\frac{98}{126}; \frac{21}{126}; \frac{72}{126}$; kleinster: $\frac{21}{126}$, größter: $\frac{98}{126}$;

e) $\frac{90}{360}; \frac{60}{360}; \frac{288}{360}; \frac{45}{360}; \frac{280}{360}$; kleinster: $\frac{45}{360}$, größter: $\frac{288}{360}$;

f) $\frac{1080}{1200}; \frac{216}{1200}; \frac{432}{1200}; \frac{360}{1200}; \frac{180}{1200}; \frac{135}{1200}$; kleinster: $\frac{135}{1200}$, größter: $\frac{1080}{1200}$

ÜBUNG 29 **S. 28**

a) $1 + \frac{1}{2} = \frac{3}{2}$; **b)** $4 + \frac{1}{2} = \frac{9}{2}$; **c)** $\frac{5}{8}$; **d)** $\frac{15}{18} = \frac{5}{6}$; **e)** $\frac{5}{10} = \frac{1}{2}$

ÜBUNG 30 **S. 29**

a) $\frac{35}{40} = \frac{7}{8}$ der Punkte; **b)** $\frac{14}{42} = \frac{1}{3}$ der Ferientage; **c)** $\frac{15}{24} = \frac{5}{8}$ sind Mädchen; **d)** $\frac{24}{100} = \frac{6}{25}$ der Haushalte; **e)** $\frac{200}{250} = \frac{4}{5}$ mm ist ein Blatt stark.

ÜBUNG 31 **S. 29**

$\frac{5}{8} = \frac{15}{24}; \frac{15}{24} > \frac{13}{24}$; Klasse 5 a hatte mehr Teilnehmer.

ÜBUNG 32 **S. 29**

a) 20; **b)** 18; **c)** 65; **d)** 5; **e)** 35; **f)** 264; **g)** 99; **h)** nicht lösbar, weil $5 \nmid 28$

ÜBUNG 33 **S. 29**

$\frac{7}{12} = \frac{28}{48}; \frac{9}{16} = \frac{27}{48}$; es wurde mehr Blaubeertorte gegessen.

ÜBUNG 34 **S. 29**

a) $\frac{5}{25}$; **b)** nicht lösbar; **c)** $\frac{5}{25}; \frac{8}{40}; \frac{13}{65}$ usw.; unendlich viele Brüche erfüllen diese Bedingung.

ÜBUNG 35 **S. 29**

a) falsche Aussage, z. B. $\frac{45}{105} = \frac{9}{21} = \frac{3}{7}$; **b)** wahre Aussage

ÜBUNG 36 **S. 31**

a) 3; 6; 16; 30; **b)** 2; 3; 9; 15; **c)** 12; 8; 31;12

ÜBUNG 37 **S. 31**

a) $\frac{32}{5}; \frac{35}{8}; \frac{35}{12}$; **b)** $\frac{25}{4}; \frac{16}{5}; \frac{139}{50}$; **c)** $\frac{19}{3}; \frac{136}{11}; \frac{50}{7}$; **d)** $\frac{9}{7}; \frac{23}{6}; \frac{181}{22}$

ÜBUNG 38 **S. 31**

a) $3\frac{1}{2}; 2\frac{1}{6}; 5\frac{1}{11}; 5\frac{7}{12}; 4\frac{7}{100}$

b) $7\frac{4}{5}; 5\frac{4}{7}; 4\frac{7}{8}; 2\frac{16}{17}; 1\frac{1}{5}$

ÜBUNG 39 **S. 31**

a) $\frac{7}{10}$; **b)** $\frac{5}{12}$; **c)** 15, kein echter Bruch enthalten; **d)** $\frac{1}{18}$; **e)** $\frac{22}{23}$; **f)** $\frac{23}{100}$

ÜBUNG 40 **S. 31**

a) $3\frac{20}{24} < 3\frac{21}{24}$; **b)** $8\frac{2}{5} < 10\frac{20}{81}$; **c)** $3\frac{253}{345} < 3\frac{255}{345}$; **d)** $3 > 2\frac{24}{25}$; **e)** $3\frac{42}{48} < 3\frac{44}{48} < 3\frac{45}{48}$; **f)** $6\frac{1}{2} = 6\frac{1}{2} = 6\frac{1}{2}$

ÜBUNG 41 **S. 31**

a) 24 dm; $40\frac{1}{2}$ dm; $107\frac{1}{2}$ dm; $2\frac{2}{5}$ dm; 11 400 dm

b) 23 cm; 223 cm; 1270 cm; 38 cm; 195 cm

c) 350 mm; 30 mm; 22 mm; $3\frac{3}{4}$ mm; $38\frac{1}{3}$ mm

ÜBUNG 42 **S. 32**

a) 200 ml; 1700 ml; 5375 ml; 8 ml; 2008 ml; $\frac{3}{5}$ ml

b) 28 l; 3750 l; $18\frac{2}{11}$ l; $41\frac{2}{3}$ l; $1\frac{2}{3}$ l; $4\frac{3}{8}$ l

ÜBUNG 43 **S. 32**

a) $\frac{1}{5}; \frac{2}{5}; \frac{3}{5}; \frac{4}{5}$; **b)** $\frac{1}{9}; \frac{2}{9}; \frac{3}{9}; \frac{4}{9}; \frac{5}{9}; \frac{6}{9}; \frac{7}{9}; \frac{8}{9}$; **c)** $\frac{12}{12}; \frac{13}{12}$ usw.; unendlich viele unechte Brüche mit Nenner 12.

ÜBUNG 44 **S. 32**

a) echte Brüche: $\frac{3}{5}; \frac{7}{12}; \frac{10}{11}$; Zähler (z) < Nenner (n);

unechte Brüche: $\frac{5}{5}; \frac{16}{4}; \frac{11}{11}; \frac{11}{10}; \frac{9}{1}$; z ≥ n

b) echte Brüche: $\frac{1}{a}; \frac{1}{3a}$; z < n; unechte Brüche: $\frac{a}{1}; \frac{4a}{a}$; z > n

c) echte Brüche: $\frac{b}{b+5}$; z < n; unechte Brüche: $\frac{b+1}{b}$; z > n

LÖSUNGEN

Thementests

AUFGABE 1 **S. 33**

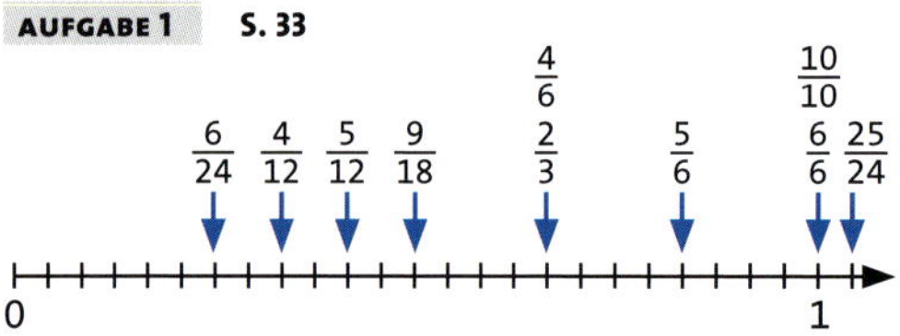

AUFGABE 2 **S. 33**

a) $\frac{3}{5}$; **b)** $\frac{7}{8}$; **c)** $\frac{8}{11}$; **d)** $\frac{2}{3}$; **e)** $\frac{3}{5}$; **f)** $\frac{11}{36}$; **g)** $\frac{1}{3}$; **h)** $\frac{1}{2}$;
i) $\frac{1}{10}$; **j)** $\frac{1}{80}$

AUFGABE 3 **S. 33**

a) 15 kg = 15 kg; **b)** 6 l > $5\frac{1}{2}$; **c)** 6 km < 8 km;
d) 18 m^2 < 19 m^2

AUFGABE 4 **S. 33**

a) richtig (r); **b)** (r); **c)** falsch (f), denn $\frac{172}{80} > \frac{170}{80}$;
d) (f); **e)** (r); **f)** (f), denn $\frac{84}{66} < \frac{85}{66}$

AUFGABE 5 **S. 33**

7 a: $\frac{16}{40}$; 7 b: $\frac{15}{40}$; 7 c: $\frac{12}{40}$;
die 7 a war am erfolgreichsten.

AUFGABE 6 **S. 34**

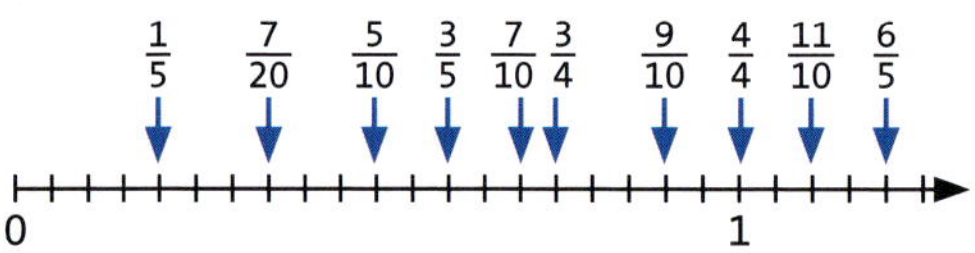

AUFGABE 7 **S. 34**

mit 2: $\frac{2}{4}, \frac{4}{6}, \frac{14}{20}, \frac{16}{30}, \frac{38}{24}, \frac{10}{10}$;
mit 3: $\frac{3}{6}, \frac{6}{9}, \frac{21}{30}, \frac{24}{45}, \frac{57}{36}, \frac{15}{15}$;
mit 15: $\frac{15}{30}, \frac{30}{45}, \frac{105}{150}, \frac{120}{225}, \frac{285}{180}, \frac{75}{75}$;
mit 24: $\frac{24}{48}, \frac{48}{72}, \frac{168}{240}, \frac{192}{360}, \frac{456}{288}, \frac{120}{120}$;
mit 30: $\frac{30}{60}, \frac{60}{90}, \frac{210}{300}, \frac{240}{450}, \frac{570}{360}, \frac{150}{150}$;

AUFGABE 8 **S. 34**

a) $\frac{1}{5}$; **b)** $\frac{1}{4}$; **c)** $\frac{5}{11}$; **d)** $\frac{35}{41}$; **e)** $\frac{2}{3}$; **f)** $\frac{2}{11}$; **g)** $\frac{3}{14}$; **h)** $\frac{11}{285}$

AUFGABE 9 **S. 34**

a) $2\frac{1}{3}$; **b)** $3\frac{1}{5}$; **c)** 4; **d)** $8\frac{3}{7}$; **e)** $3\frac{1}{12}$; **f)** $\frac{13}{5}$; **g)** $\frac{99}{8}$;
h) $\frac{73}{14}$

AUFGABE 10 **S. 34**

a) 96 m; **b)** 42 kg; **c)** 80 m; **d)** $\frac{123}{100}$ t = 1230 kg;
e) 350 m^3; **f)** 408 ml

AUFGABE 11 **S. 34**

a) $\frac{122}{732} = \frac{1}{6}$; ein Sechstel der Pkw hatte Mängel.
b) 549 Autos hatten Sommerreifen.

AUFGABE 12 **S. 35**

a) $\frac{4}{6} = \frac{2}{3}$; **b)** $\frac{2}{4} = \frac{1}{2}$; **c)** $\frac{3}{8}$; **d)** $\frac{6}{16} = \frac{3}{8}$; **e)** $\frac{7}{12}$; **f)** $\frac{7}{16}$

AUFGABE 13 **S. 35**

a)

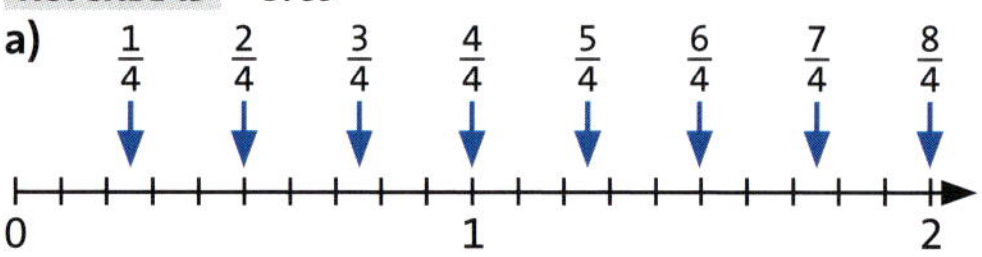

b)

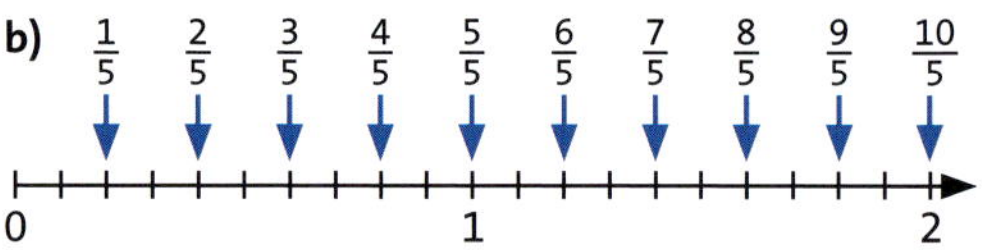

c)

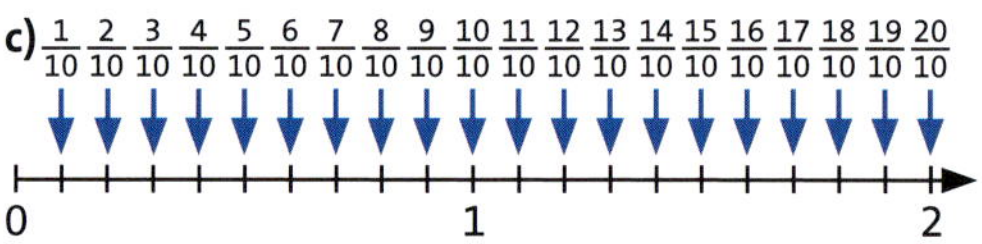

d) $\frac{2}{4} = \frac{5}{10}$; $\frac{4}{4} = \frac{5}{5} = \frac{10}{10}$; $\frac{6}{4} = \frac{15}{10}$; $\frac{8}{4} = \frac{10}{5} = \frac{20}{10}$; $\frac{1}{5} = \frac{2}{10}$;
$\frac{2}{5} = \frac{4}{10}$; $\frac{3}{5} = \frac{6}{10}$; $\frac{4}{5} = \frac{8}{10}$; $\frac{6}{5} = \frac{12}{10}$; $\frac{7}{5} = \frac{14}{10}$; $\frac{8}{5} = \frac{16}{10}$;
$\frac{9}{5} = \frac{18}{10}$

AUFGABE 14 **S. 35**

a) $\frac{10}{25}$; **b)** $\frac{21}{98}$; **c)** $\frac{100}{220}$; **d)** $\frac{60}{36}$; **e)** $\frac{68}{20}$; **f)** $\frac{0}{36}$; **g)** $\frac{72}{330}$;
h) $\frac{55}{20}$

AUFGABE 15 **S. 35**

a) $\frac{1}{3}$; mit 120; **b)** $\frac{4}{9}$; mit 50; **c)** $\frac{34}{25}$; mit 100;
d) $\frac{9}{7}$; mit 24; **e)** $\frac{13}{11}$; mit 16; **f)** $\frac{1}{7}$; mit 125

AUFGABE 16 **S. 35**

a) $\frac{1}{2}$; **b)** $\frac{1}{4}$; **c)** $\frac{11}{12}$; **d)** $\frac{5}{8}$

AUFGABE 17 **S. 35**

a) $\frac{1}{30}$; $\frac{7}{30}$; $\frac{11}{30}$; **b)** $\frac{2}{30}$; $\frac{4}{30}$; $\frac{8}{30}$; **c)** $\frac{6}{30}$; $\frac{12}{30}$; $\frac{18}{30}$; **d)** $\frac{15}{30}$

LÖSUNGEN

4 Rechnen mit Bruchzahlen

ÜBUNG 1 **S. 37**

a) $\frac{2}{5}$; **b)** $\frac{1}{2}$; **c)** $\frac{1}{2}$; **d)** $\frac{3}{4}$; **e)** $\frac{1}{2}$; **f)** $\frac{1}{5}$; **g)** 1; **h)** $\frac{9}{8}$; **i)** 0; **j)** $\frac{3}{10}$

ÜBUNG 2 **S. 37**

a) 125 g + 625 g = 750 g; **b)** $\frac{6}{8}$ kg = $\frac{3}{4}$ kg

ÜBUNG 3 **S. 37**

a) $\frac{11}{12}$; **b)** $\frac{17}{30}$; **c)** $\frac{83}{72} = 1\frac{11}{72}$; **d)** $\frac{47}{28} = 1\frac{19}{28}$; **e)** $\frac{61}{60} = 1\frac{1}{60}$; **f)** $\frac{4}{21}$; **g)** $\frac{23}{60}$; **h)** $\frac{7}{6} = 1\frac{1}{6}$; **i)** $\frac{3}{4}$; **j)** $\frac{77}{52} = 1\frac{25}{52}$

ÜBUNG 4 **S. 37**

a) $\frac{13}{20}$; **b)** $\frac{61}{60} = 1\frac{1}{60}$; **c)** $\frac{33}{28} = 1\frac{5}{28}$; **d)** $\frac{47}{24} = 1\frac{23}{24}$

ÜBUNG 5 **S. 37**

a) 2. Nenner: $\frac{10+8}{20} = \frac{18}{20} = \frac{9}{10}$; 3. Nenner: $\frac{25+20}{50} = \frac{45}{50} = \frac{9}{10}$; **b)** und **c)** individuelle Aufgabenlösung je nach gewähltem Nenner; die Ergebnisse sind nach dem Kürzen jeweils gleich: **b)** $\frac{19}{12}$; **c)** $\frac{29}{72}$

ÜBUNG 6 **S. 37**

$2 - \frac{5}{8} = 1\frac{3}{8}$; $1\frac{3}{8}$ l sind noch im Tank.

ÜBUNG 7 **S. 37**

$5\frac{3}{8}$ kg muss er nach Hause tragen.

ÜBUNG 8 **S. 38**

a) $24\frac{12}{6} = 26$; **b)** $5\frac{53}{180} = \frac{953}{180}$; **c)** $4\frac{7}{72} = \frac{295}{72}$; **d)** $14\frac{47}{150} = \frac{2147}{150}$; **e)** $3\frac{113}{120} = \frac{473}{120}$; **f)** $1\frac{89}{1000} = \frac{1089}{1000}$

ÜBUNG 9 **S. 38**

a)

$14\frac{1}{20}$

$6\frac{3}{4}$ | $7\frac{3}{10}$

$3\frac{7}{10}$ | $3\frac{1}{20}$ | $4\frac{1}{4}$

$1\frac{2}{5}$ | $2\frac{3}{10}$ | $\frac{3}{4}$ | $3\frac{1}{2}$

b)

$79\frac{7}{12}$

$39\frac{4}{9}$ | $40\frac{5}{36}$

$21\frac{3}{9}$ | $18\frac{1}{9}$ | $22\frac{1}{36}$

16 | $5\frac{3}{9}$ | $12\frac{7}{9}$ | $9\frac{3}{12}$

ÜBUNG 10 **S. 39**

a) An der 5. Station kann der Wagen noch $2\frac{13}{30}$ t Milch (≈ 2433 kg) tanken.
b) 1375 kg Milch müssen von der Straße entfernt werden.
c) Vor dem Unfall waren etwa 9567 kg im Tank; jetzt sind es noch etwa 5942 kg.

ÜBUNG 11 **S. 39**

a) um $\frac{8}{15}$; **b)** $\frac{1}{5}$; **c)** für n = 0, 1, 2, 3, 4, 5

ÜBUNG 12 **S. 39**

a) $3\frac{3}{14}$; **b)** $3\frac{11}{12}$; **c)** $2\frac{4}{5}$; **d)** $\frac{7}{24}$; **e)** $\frac{5}{6}$; **f)** $8\frac{11}{60}$

ÜBUNG 13 **S. 39**

a) alle Bruchzahlen; **b)** n = $\frac{6}{7}$; **c)** n = $\frac{2}{5}$; **d)** alle Bruchzahlen; **e)** alle Bruchzahlen; **f)** n = 0;
g) keine Bruchzahl erfüllt die Bedingung;
h) keine Bruchzahl erfüllt die Bedingung

ÜBUNG 14 **S. 42**

a) $5 \cdot \frac{2}{7} = \frac{10}{7}$; **b)** $7 \cdot \frac{3}{8} = \frac{21}{8}$; **c)** $6 \cdot \frac{4}{9} = \frac{24}{9} = \frac{8}{3}$;
d) $5 \cdot \frac{3}{5} = \frac{15}{5} = 3$

ÜBUNG 15 **S. 42**

a) 5; **b)** 9; **c)** 11; **d)** 15; **e)** 12; **f)** 25; **g)** 6; **h)** 24
Es gibt unendlich viele Möglichkeiten, nämlich jeweils alle Vielfachen der Nenner.

ÜBUNG 16 **S. 42**

a) 10 Flaschen (3 Liter); **b)** 1,5 l

ÜBUNG 17 **S. 42**

a) $\frac{3}{10}$; **b)** $\frac{8}{63}$; **c)** $\frac{35}{66}$; **d)** $\frac{5}{21}$; **e)** $\frac{5}{12}$; **f)** $\frac{1}{3}$; **g)** $\frac{14}{25}$; **h)** $\frac{1}{15}$

ÜBUNG 18 **S. 42**

a) $\frac{2}{3} \cdot \frac{7}{8} = \frac{7}{12}$; **b)** $\frac{5}{12}$; **c)** $\frac{9}{50}$; **d)** $\frac{2}{19}$; **e)** $\frac{4}{7}$; **f)** $\frac{3}{10}$

ÜBUNG 19 **S. 42**

a) $\frac{9}{8} = 1\frac{1}{8}$; **b)** $\frac{5}{2} = 2\frac{1}{2}$; **c)** 2; **d)** $\frac{16}{5} = 3\frac{1}{5}$; **e)** $\frac{6}{7}$;
f) $\frac{25}{2} = 12\frac{1}{2}$; **g)** 8; **h)** $\frac{13}{15}$; **i)** 4; **j)** $\frac{36}{17} = 2\frac{2}{17}$; **k)** $\frac{3}{4}$;
l) $\frac{6}{25}$; **m)** 1; **n)** 2; **o)** $\frac{38}{45}$; **p)** $\frac{65}{32} = 2\frac{1}{32}$

ÜBUNG 20 **S. 43**

a) $3\frac{4}{5} = \frac{19}{5}$; **b)** $\frac{5}{9}$; **c)** $\frac{11}{2}$; **d)** $\frac{9}{23}$; **e)** $\frac{13}{18}$; **f)** $\frac{12}{5}$; **g)** $\frac{1}{5}$;
h) $\frac{2}{3}$; **i)** $\frac{8}{9}$

ÜBUNG 21 **S. 43**

a) $\frac{8}{125}$; **b)** $\frac{1}{1296}$; **c)** $\frac{64}{81}$; **d)** $\frac{1}{81}$; **e)** $\frac{1}{64}$; **f)** $\frac{125}{1728}$

ÜBUNG 22 S. 43

a) $\left(\frac{2}{5}\right)^4 = \frac{16}{625}$; **b)** $\left(\frac{1}{3}\right)^5 = \frac{1}{243}$; **c)** $\left(\frac{3}{4}\right)^3 = \frac{27}{64}$;
d) $\left(\frac{5}{9}\right)^2 \cdot \frac{1}{4} = \frac{25}{324}$; **e)** $\left(\frac{2}{7}\right)^2 \cdot \left(\frac{1}{3}\right)^3 = \frac{4}{1323}$;
f) $\left(\frac{2}{3}\right)^3 \cdot \left(\frac{1}{2}\right)^3 = \frac{1}{27}$

ÜBUNG 23 S. 43

a) $\frac{25}{64}$; $\frac{25}{64}$; $\frac{25}{8}$; $\frac{5}{64}$; **b)** $\frac{8}{27}$; $\frac{8}{27}$; $\frac{8}{3}$; $\frac{2}{27}$

ÜBUNG 24 S. 43

$4\frac{4}{5}$ t = 4800 kg; $3\frac{1}{2}$ kg = $\frac{7}{2}$ kg
$4800 : \frac{7}{2} = 1371\frac{3}{7}$; man erhält 1371 Pakete.

ÜBUNG 25 S. 44

a) Das Produkt wird verdoppelt. **b)** Das Produkt ist ein Drittel des ursprünglichen Produktes. **c)** Das Produkt wird vervierfacht. **d)** Das Produkt ist ein Neuntel des ursprünglichen Produktes. **e)** Das Produkt ist zwei Drittel des ursprünglichen Produktes. **f)** Das Produkt verändert sich nicht.

ÜBUNG 26 S. 44

x = 50; die gedachte Zahl ist 50.

ÜBUNG 27 S. 44

a) 20-mal muss Ben schöpfen. **b)** 8-mal mit dem $\frac{3}{4}$-l-Gefäß und 6-mal mit dem $\frac{2}{3}$-l-Gefäß geschöpft ergibt 10 l. **c)** 30 kleine Flaschen

ÜBUNG 28 S. 44

a) m = 14; **b)** m = 4; **c)** m = 12; **d)** m = 9, n = 11; **e)** m = 3, n = 8; **f)** m = 19, n = 9; **g)** m = 5; **h)** m = 4; **i)** m = 11; **j)** m = 6, n = 7; **k)** m = 12, n = 17; **l)** nicht lösbar

ÜBUNG 29 S. 47

a) $\frac{57}{40} = 1\frac{17}{40}$; **b)** $\frac{229}{70} = 3\frac{19}{70}$; **c)** $\frac{37}{8} = 4\frac{5}{8}$; **d)** $\frac{23}{60}$;
e) $\frac{14}{15}$; **f)** $\frac{650}{27} = 24\frac{2}{27}$; **g)** 10; **h)** $\frac{125}{22} = 5\frac{15}{22}$; **i)** 1

ÜBUNG 30 S. 47

a) $32\frac{7}{10}$; $65\frac{2}{5}$; $130\frac{4}{5}$; 218; $490\frac{1}{2}$; 981; 1635;
b) 120 €; **c)** $\frac{7}{20}$ t; **d)** 136 cm²; **e)** 770 m; **f)** $8\frac{3}{5}$ m;
g) 9 €; **h)** 195 dm

ÜBUNG 31 S. 47

a) $\frac{23}{96}$; **b)** $\frac{27}{8}$; **c)** $\frac{22}{15}$; **d)** $\frac{57}{2}$; **e)** $\frac{12}{5}$; **f)** 10

ÜBUNG 32 S. 48

Siehe Wissensseiten.

ÜBUNG 33 S. 48

a) $\frac{4}{5} + \frac{2}{3} + \frac{3}{8} - \frac{15}{7} = \frac{253}{840}$
b) $\frac{170}{3} - \frac{145}{3} + 14 + 20 = 42\frac{1}{3}$
c) $\frac{6}{5} + \frac{5}{2} - \frac{5}{8} - \frac{11}{16} + \frac{3}{2} = 240\frac{71}{8}$
d) $3\frac{3}{7} + 1 + 14\frac{4}{5} = 19\frac{8}{35}$

ÜBUNG 34 S. 48

a) Jacobs Rad dreht sich 1050-mal; Ellas Rad 2100-mal. **b)** 4240-mal

ÜBUNG 35 S. 48

a) $4\frac{1}{4}$; **b)** $\frac{4}{17}$; **c)** $\frac{1}{2}$; **d)** $5\frac{29}{32}$

ÜBUNG 36 S. 49

a) $\frac{3}{10}$; **b)** 10; **c)** $3\frac{19}{33}$

ÜBUNG 37 S. 49

a) $\frac{3}{4}$; **b)** $\frac{3}{52}$; **c)** $\frac{5}{13}$; **d)** $5\frac{1}{2}$

ÜBUNG 38 S. 49

a) $\frac{136}{189}$; **b)** $\frac{1}{2}$; **c)** $4\frac{4}{5}$

ÜBUNG 39 S. 49

a) $5 \cdot \left(\frac{1}{2} + \frac{3}{4} + \frac{7}{12} - \frac{8}{9}\right)$; **b)** $8 \cdot \left(\frac{2}{3} - \frac{4}{5} + \frac{4}{9} + \frac{5}{6}\right)$;
c) $10 \cdot \left(\frac{2}{3} + \frac{5}{4} - \frac{7}{8} + \frac{7}{2}\right)$; **d)** $6 \cdot \left(\frac{4}{7} + \frac{3}{4} - \frac{2}{5} + \frac{10}{3}\right)$

ÜBUNG 40 S. 49

a) $\left(\frac{2}{3} + 2\frac{3}{5}\right) \cdot \frac{30}{7} = 14$; **b)** $\frac{3}{8} + \frac{1}{4} \cdot \frac{5}{3} \cdot \left(\frac{7}{20} - \frac{1}{5}\right) = \frac{7}{16}$;
c) $\left(\frac{2}{5} + \frac{1}{10}\right) \cdot \frac{4}{3} + \frac{6}{5} \cdot \left(\frac{1}{2} - \frac{3}{10}\right) = \frac{68}{75}$;
d) $\frac{3}{4} \cdot \left(\frac{8}{5} - \frac{2}{3}\right) + \left(3 - \frac{4}{5}\right) \cdot 2 = \frac{51}{10}$

ÜBUNG 41 S. 49

a) U = $8\frac{1}{5}$ dm; **b)** l = $19\frac{2}{5}$ dm; **c)** V = 3 dm³;
d) V = $\frac{1}{9}$ dm³; l = $6\frac{7}{15}$ dm

Thementests

AUFGABE 1 **S. 50**

a) 1; **b)** $\frac{1}{2}$; **c)** $1\frac{2}{25}$; **d)** $\frac{5}{8}$; **e)** $\frac{19}{30}$; **f)** $1\frac{3}{16}$; **g)** $11\frac{59}{96}$; **h)** $2\frac{13}{24}$

AUFGABE 2 **S. 50**

a) 6; **b)** $\frac{5}{12}$; **c)** $\frac{21}{40}$; **d)** $2\frac{2}{3}$; **e)** $\frac{25}{54}$; **f)** $1\frac{1}{3}$; **g)** $\frac{28}{33}$; **h)** $\frac{1}{3}$

AUFGABE 3 **S. 50**

a) $\frac{11}{30}$; **b)** $\frac{61}{120}$; **c)** $\frac{13}{20}$

AUFGABE 4 **S. 50**

$3\frac{1}{2}$	$3\frac{8}{21}$	$3\frac{5}{42}$
$\frac{20}{21}$	$4\frac{1}{3}$	$4\frac{5}{7}$
$5\frac{23}{42}$	$2\frac{2}{7}$	$2\frac{1}{6}$

AUFGABE 5 **S. 50**

a) $\frac{1}{2}-\frac{1}{3}=\frac{1}{3}-\frac{1}{6}=\frac{1}{6}$; **b)** nicht erfüllt;
c) $1\frac{13}{20}-1\frac{1}{40}=1\frac{1}{40}-\frac{2}{5}=\frac{5}{8}$;
d) $1\frac{1}{4}-\frac{19}{20}=\frac{19}{20}-\frac{13}{20}=\frac{3}{10}$

AUFGABE 6 **S. 50**

a) $4\cdot\left(\frac{3}{5}+\frac{5}{9}-\frac{1}{6}+2\right)$; **b)** $\frac{3}{5}\cdot\left(\frac{3}{4}+\frac{3}{10}-\frac{7}{8}+15\right)$

AUFGABE 7 **S. 51**

Gleichnamig machen bedeutet, die Brüche auf denselben Nenner zu bringen.

a) $\frac{6}{9}$; $\frac{5}{9}$; **b)** $\frac{32}{40}$; $\frac{15}{40}$; **c)** $\frac{45}{60}$; $\frac{12}{60}$; $\frac{35}{60}$;
d) $\frac{6}{120}$; $\frac{32}{120}$; $\frac{96}{120}$; $\frac{245}{120}$

AUFGABE 8 **S. 51**

a) $\frac{15}{7}=2\frac{1}{7}$; **b)** $\frac{23}{20}=1\frac{3}{20}$; **c)** $7\frac{35}{36}$; **d)** $2\frac{19}{22}$; **e)** $\frac{1}{6}$; **f)** $7\frac{2}{21}$

AUFGABE 9 **S. 51**

10			
$3\frac{2}{5}$	$6\frac{3}{5}$		
$2\frac{1}{10}$	$1\frac{3}{10}$	$5\frac{3}{10}$	
1	$1\frac{1}{10}$	$\frac{1}{5}$	$5\frac{1}{10}$

AUFGABE 10 **S. 51**

4 Beutel rote Johannisbeeren, 5 Beutel weiße Johannisbeeren, 3 Beutel schwarze Johannisbeeren, 2 Beutel Himbeeren – macht 14 Beutel.

AUFGABE 11 **S. 51**

a) 7 : 11; **b)** 5 : 3; **c)** 1 : 3

AUFGABE 12 **S. 52**

a) $\cdot$; **b)** :; **c)** +; **d)** −; **e)** :; **f)** +

AUFGABE 13 **S. 52**

a) >; **b)** =; **c)** >

AUFGABE 14 **S. 52**

a) 4; **b)** 1; **c)** $1\frac{3}{8}$; **d)** $14\frac{13}{22}$; **e)** 1

AUFGABE 15 **S. 52**

a)

$6\frac{1}{2}$	$1\frac{19}{20}$	$3\frac{11}{20}$
$4\frac{11}{20}$	$2\frac{1}{4}$	$5\frac{1}{5}$
$\frac{19}{20}$	$7\frac{4}{5}$	$3\frac{1}{4}$

b)

$1\frac{5}{8}$	$2\frac{5}{24}$	$1\frac{1}{6}$
$2\frac{1}{8}$	$1\frac{1}{6}$	$1\frac{17}{24}$
$1\frac{1}{4}$	$1\frac{5}{8}$	$2\frac{1}{8}$

AUFGABE 16 **S. 52**

a) $\frac{17}{60}$ des Anfangsinhalts sind noch im Tank.
b) Der Reihe nach: 1530 l, $637\frac{1}{2}$ l, 2295 l, 1020 l

5 Dezimalzahlen

ÜBUNG 1 **S. 55**

	T	H	Z	E	z	h	t	zt
a)				0	0	5		
b)				0	0	0	6	
c)				1	2	5		
d)			2	3	0	6		
e)		6	7	8	3			
f)	2	0	0	9	3			
g)		5	0	0	0	5		
h)				6	0	0	7	

ÜBUNG 2 **S. 55**

a) $\frac{64}{100}$; **b)** $\frac{801}{100}$; **c)** $\frac{7}{1000}$; **d)** $\frac{285}{100}$; **e)** $\frac{23\,707}{1000}$; **f)** $\frac{999}{1000}$; **g)** $\frac{404}{10\,000}$; **h)** $\frac{8}{10}$; **i)** $\frac{95\,005}{1000}$; **j)** $\frac{22\,002}{1000}$

ÜBUNG 3 **S. 55**

a) 0,7; **b)** 0,007; **c)** 0,43; **d)** 4,09; **e)** 300,9; **f)** 0,209; **g)** 0,011

ÜBUNG 4 **S. 55**

a) 0,07; **b)** 3,09; **c)** 0,008; **d)** 300,05; **e)** 6,07

ÜBUNG 5 **S. 55**

A: $\frac{1}{10} = 0{,}1$; B: $\frac{2}{10} = 0{,}2$; C: $\frac{1}{4} = 0{,}25$; D: $\frac{4}{10} = 0{,}4$; E: $\frac{55}{100} = 0{,}55$; F: $\frac{3}{4} = 0{,}75$; G: $\frac{9}{10} = 0{,}9$; H: $\frac{115}{100} = 1{,}15$

ÜBUNG 6 **S. 55**

a) $\frac{35}{10} = 3{,}5$; **b)** $\frac{4}{10} = 0{,}4$; **c)** $\frac{85}{100} = 0{,}85$; **d)** $\frac{18}{100} = 0{,}18$; **e)** $\frac{152}{100} = 1{,}52$; **f)** $\frac{5575}{1000} = 5{,}575$; **g)** $\frac{6}{10} = 0{,}6$; **h)** $\frac{24}{10} = 2{,}4$; **i)** $\frac{11}{100} = 0{,}11$; **j)** $\frac{26}{10} = 2{,}6$

ÜBUNG 7 **S. 56**

a) 1,4; **b)** 12,7; **c)** 1,85; **d)** 2,75; **e)** $16{,}\overline{6}$; **f)** 6,15; **g)** $2{,}\overline{6}$; **h)** $0{,}41\overline{6}$; **i)** $1{,}\overline{714285}$; **j)** 0,875

ÜBUNG 8 **S. 56**

a) $0{,}4 = \frac{4}{10} = \frac{20}{50} = \frac{400}{1000} = \frac{80}{200}$;
b) $0{,}75 = \frac{3}{4} = \frac{75}{100} = \frac{375}{500} = \frac{21}{28}$; **c)** $\frac{12}{15} = \frac{8}{10} = 0{,}8 = \frac{4}{5}$;
d) $\frac{11}{20} = \frac{55}{100} = \frac{88}{160} = \frac{275}{500} = 0{,}55$

ÜBUNG 9 **S. 56**

$\frac{1}{3} = 0{,}\overline{3}$; $\frac{2}{3} = 0{,}\overline{6}$; $\frac{4}{9} = 0{,}\overline{4}$; $\frac{3}{8} = 0{,}375$; $\frac{2}{5} = 0{,}4$; $\frac{3}{20} = 0{,}15$; $\frac{1}{7} = 0{,}\overline{142857}$; $\frac{1}{4} = 0{,}25$

ÜBUNG 10 **S. 56**

a) 5,023; 5,032; 5,203; 5,230; 5,302
b) 1,200; 1,2006;1,206; 1,26
c) 0,0999; 0,9889; 1; 1,001; 1,0011
d) 0,5966; 0,63; $\frac{64}{100} = \frac{16}{25}$; $\frac{131}{200}$; 0,665

ÜBUNG 11 **S. 56**

a) 5,6 dm; **b)** 40,991 kg; **c)** 0,81 €; **d)** 1,929 dm; **e)** 0,843 l; **f)** 3,4 m^2; **g)** $0{,}\overline{6}$ Tage; **h)** 1,75 min; **i)** 0,07806 km; **j)** 0,07 m; **k)** 6,74 m^3; **l)** $0{,}\overline{3}$ Jahre; **m)** 0,0206 t; **n)** 0,5006 kg; **o)** $1{,}\overline{3}$ Monate

ÜBUNG 12 **S. 56**

a) z. B. 1,21; 1,22; 1,23; **b)** z. B. 0,71; 0,72; 0,73; **c)** z. B. 5,741; 5,742; 5,743; **d)** z. B. 9,981; 9,982; 9,983; **e)** $\frac{1}{25} = 0{,}04$; z. B. 0,021; 0,022; 0,023; 0,03; **f)** z. B. 0,0701; 0,0702; 0,07003; **g)** z. B. 1,101; 1,102; 1,103

ÜBUNG 13 **S. 59**

a) 7,92; **b)** 183,69; **c)** 1,313; **d)** 246,18; **e)** 2001,09; **f)** 0,1964

ÜBUNG 14 **S. 59**

a) 1,8748; **b)** 25,973; **c)** 1; **d)** 0,0182; **e)** 7,91; **f)** 3,002

ÜBUNG 15 **S. 59**

a) 1957,5; 19 575; 195 750; 19,575; 1,9575; 0,195 75; **b)** 97,803; 978,03; 9780,3; 0,978 03; 0,097 803; 0,009 780 3; **c)** 0,309; 3,09; 30,9; 0,003 09; 0,000 309; 0,000 030 9

ÜBUNG 16 **S. 59**

a) 0,1653; **b)** 0,02431; **c)** 14,0264; **d)** 3,2676; **e)** 0; **f)** 815,7555; **g)** 0,208; **h)** 28,8

ÜBUNG 17 **S. 59**

a) 4,68; **b)** 5,109; **c)** 6,531; **d)** 7,236; **e)** 0,020; **f)** 0,999; **g)** 170; **h)** 0,016

ÜBUNG 18 **S. 60**

Runde auf ...	3 Dezimalen	2 Dezimalen	1 Dezimale	Ganze
12,0078	12,008	12,01	12,0	12
34,098 05	34,098	34,10	34,1	34
0,870 62	0,871	0,87	0,9	1
234,929 71	234,930	234,93	234,9	235

ÜBUNG 19 S. 60
Überlegung: letzte Ziffer (hier 3), Dezimalstellen (hier 3) $\rightarrow$ **d)** ist richtig; **a)–c)**, **e)** sind falsch.

ÜBUNG 20 S. 60
a) 12,78; **b)** 29,711; **c)** 80,925; **d)** 0,41107

ÜBUNG 21 S. 60
a) 30,855; **b)** 18,063; **c)** 67,8043; **d)** 113,503

ÜBUNG 22 S. 61
a) $(6 + 8) \cdot 0{,}6$; **b)** $(9 - 4) \cdot 0{,}12$;
c) $(2 + 5 - 4) \cdot 0{,}43$

ÜBUNG 23 S. 61
a) $22{,}32 + 32{,}4 = 54{,}72$
b) $45{,}5212 - 37{,}3426 = 8{,}1786$
c) $26{,}5650 + 37{,}3527 = 63{,}9177$

ÜBUNG 24 S. 61
a) $\neq$; **b)** $=$; **c)** $\neq$; **d)** $=$; **e)** $\neq$; **f)** $=$

ÜBUNG 25 S. 61
Das Rad dreht sich etwa 5343-mal.

ÜBUNG 26 S. 61
a) 60; **b)** 7,3008; **c)** 62,9; **d)** 0,74

ÜBUNG 27 S. 61
a) $x = 29{,}8$; **b)** $x = 32{,}1$; **c)** $x = 1{,}29$; **d)** $x = 12$;
e) $x = 3{,}04$; **f)** $x = 147{,}576$

ÜBUNG 28 S. 61
43,09 € bekommt er zurück.

ÜBUNG 29 S. 61
Fläche: $A = a \cdot b$; $A = 36{,}72\ m^2 \approx 37\ m^2$; Kosten: 887,63 €; Kosten + 5 % Verschnitt: 932,01 €

ÜBUNG 30 S. 63
a) $\frac{97}{100}$; 0,97; **b)** $\frac{21}{10}$; 2,1; **c)** $8\frac{63}{80}$; 8,7875; **d)** $22\frac{2}{25}$; 22,08; **e)** $1\frac{191}{200}$; 1,955; **f)** $\frac{351}{625}$; 0,5616

ÜBUNG 31 S. 63
a) 2,325; **b)** $2\frac{77}{90}$; **c)** $\frac{49}{660}$; **d)** $1\frac{39}{175}$; **e)** 15,3; **f)** 10,65;
g) $10\frac{49}{120}$; **h)** $5\frac{31}{48}$; **i)** 48

ÜBUNG 32 S. 63
a) $\frac{323}{460}$; **b)** $16\frac{2}{11}$; **c)** 107,632; **d)** $4\frac{29}{48}$; **e)** $7\frac{7}{12}$;
f) 17,36; **g)** 9,2; **h)** $5\frac{1}{3}$; **i)** $2\frac{17}{18}$

ÜBUNG 33 S. 63
Tischtennisplatte: $4{,}1785\ m^2$; Billardtisch: $4{,}0328\ m^2$; die Tischtennisplatte ist größer.

ÜBUNG 34 S. 63
a) Mond: 130,3 N; Jupiter: 1955 N;
b) Sohn: 1,05 m; Tochter: 1,12 m; Vater: 1,85 m

ÜBUNG 35 S. 63
Die Differenz ist um $4\frac{2}{3}$ kleiner als die Summe.

ÜBUNG 36 S. 64
a) Der Einkauf kostet 34,63 €.
b) Der Einkauf wiegt 2,68 kg.

ÜBUNG 37 S. 64
a) $x = 8\frac{1}{6}$; **b)** $x = 35{,}35$; **c)** $x = 838{,}3675$; **d)** $x = 0$

ÜBUNG 38 S. 64
a) 7,2; **b)** 7,1; **c)** 1,8; **d)** 5,30; **e)** 0,49; **f)** 9,2; **g)** 0,8;
h) 9,3

ÜBUNG 39 S. 64
a) $A = 40{,}4550\ m^2$; **b)** $7{,}245\ m \leq l \leq 7{,}254\ m$;
$5{,}575\ m \leq b \leq 5{,}584\ m$; **c)** $c_{min} = 40{,}390875\ m^2$;
$c_{max} = 40{,}506336\ m^2$; **d)** Differenz: $0{,}115461\ m^2$;
$A_{gerundet} = 40{,}5\ m^2$

ÜBUNG 40 S. 65
a) $x = 4\frac{308}{615} = 4{,}5$; **b)** $x = 20{,}02$; **c)** $x = 7\frac{4}{5} = 7{,}8$;
d) $x = 8{,}76$; **e)** $x < 9{,}99$; **f)** $x > 1{,}44$

ÜBUNG 41 S. 65
a) 42 Blätter; **b)** 0,315 cm; **c)** 1,05 cm

ÜBUNG 42 S. 65
$V = a \cdot b \cdot c$; $V = 189\,540\ cm^3 = 0{,}19\ m^3$;
$m = 513$ kg; die Scheibe wiegt 513 kg.

ÜBUNG 43 S. 65
a) $V = a^3$; $V_1 = 1643{,}03\ cm^3$; $V_2 = 1728\ cm^3$
b) $V = 1700\ cm^3$

Thementests

AUFGABE 1 **S. 66**
a) 0,55 kg; 555,5 g; 0,0055 t; 5505 g; 5,556 kg; **b)** 99,09 € = 9909 ct; 9989 ct; 99,9 €; 99,91 €

AUFGABE 2 **S. 66**
a) $\frac{6}{10} = 0{,}6$; **b)** $\frac{35}{100} = 0{,}35$; **c)** $\frac{476}{100} = 4{,}76$;
d) $4\frac{34}{100} = 4{,}34$; **e)** $\frac{995}{1000} = 0{,}995$; **f)** $\frac{264}{100} = 2{,}64$

AUFGABE 3 **S. 66**
a) 34,6; 34,568; **b)** 0,3; 0,295; **c)** 2,0; 1,988; **d)** 10,0; 10,000; **e)** 67,0; 67,004

AUFGABE 4 **S. 66**
a) 2,233; **b)** 0,36888; **c)** 1,659

AUFGABE 5 **S. 66**
a) $x = 4{,}23$; **b)** $x = 1{,}8$; **c)** $x = 0{,}058$; **d)** $x = 18{,}4224$

AUFGABE 6 **S. 66**
a) 41,63; **b)** 28,8

AUFGABE 7 **S. 66**
$56{,}28\ € : 42\ l = 1{,}34\ \frac{€}{l}$; $64{,}15 : 48{,}6\ l = 1{,}32\ \frac{€}{l}$
Herr Lerche hat günstiger getankt.

AUFGABE 8 **S. 66**
$A = a \cdot b$; $A = 577{,}8\ m^2$; $577{,}8 : 60 = 9{,}63$
10 Beutel Rasensamen benötigt man.

AUFGABE 9 **S. 67**
a) 0,71; 0,72; 0,73 usw.; **b)** 66,61; 66,62; 66,63 usw.; **c)** 7,121; 7,122; 7,123 usw.; **d)** 0,01101; 0,01102; 0,01103 usw.

AUFGABE 10 **S. 67**
a) 36,67 €; **b)** 103 Tage; **c)** 455,2 m^2

AUFGABE 11 **S. 67**
a) $\frac{3}{10} = 0{,}3$; **b)** $\frac{270}{100} = 2{,}7$; **c)** $\frac{22}{100} = 0{,}22$;
d) $\frac{1625}{1000} = 1{,}625$; **e)** $\frac{6}{10} = 0{,}6$; **f)** $\frac{2}{1} = 2$

AUFGABE 12 **S. 67**
a) 63,42; **b)** 254,04

AUFGABE 13 **S. 67**
a) 21; **b)** 33

AUFGABE 14 **S. 67**
a) 6,23 €; **b)** 1,87 €; **c)** 8,47 €; **d)** 5,93 €

AUFGABE 15 **S. 67**
$5 \cdot 575 : 0{,}7 = 4107{,}1$
Wenn man ohne Verluste abfüllt, erhält man 4100 Flaschen.

6 Rechnen mit negativen Zahlen

ÜBUNG 1 **S. 69**
Eine Gerade hat auf beiden Seiten keine Grenze:
$-\infty < x < +\infty$

ÜBUNG 2 **S. 69**
a) A: −1,6; B: −1,2; C: −0,75; D: −0,4; E: +0,2; F: +0,9; G: +1,4; H: +1,8; **b)** A: −1,1; B: −0,9; C: −0,7; D: −0,4; E: −0,05; F: +0,2; G: +0,7; H: +1,2; **c)** A: −11,875; B: −8,75; C: −5;D: −4,375; E: −1,25; F: +2,5; G: +6,25; H: +11,25

ÜBUNG 3 **S. 69**
a) >; **b)** >; **c)** >; **d)** >; **e)** = ; **f)** <; **g)** <; **h)** >; **i)** >; **j)** <; **k)** >; **l)** <

ÜBUNG 4 **S. 69**
a) $-\frac{1}{2}; -\frac{2}{5}; -\frac{3}{10}; -\frac{1}{4}; -\frac{1}{8}; \frac{1}{10}; \frac{3}{8}; \frac{3}{5}$
b) $-6\frac{3}{4} = -6{,}75; -\frac{13}{4} = -3{,}25; \frac{1}{4}; \frac{13}{4}; 3{,}5; \frac{18}{5}$
c) −104; −10,4; −1,04; −0,104; 0; 10,4
d) $-\frac{8}{15}; -\frac{2}{5}; -\frac{4}{11}; -0{,}35; \frac{3}{10}; \frac{5}{12}; 0{,}42; \frac{7}{15}$

ÜBUNG 5 **S. 69**
a) −4,5; −3,9; −3,3; −2,7; −2,1; −1,5; −0,9; −0,3; 0,3; 0,9; 1,5; 2,1; 2,7; 3,3; 3,9; 4,5; **b)** 6,5; 5,2; 3,9; 2,6; 1,3; 0; −1,3; −2,6; −3,9; −5,2

ÜBUNG 6 **S. 69**
a) 2,75; **b)** −3,75; **c)** $-2\frac{5}{8}$; **d)** $-\frac{47}{80}$; **e)** $-1\frac{1}{4}$;
f) −0,075; **g)** 0,15; **h)** $-\frac{11}{40}$

ÜBUNG 7 **S. 70**
a) −7; 7; **b)** $\frac{2}{13}; -\frac{2}{13}$; **c)** 3,4; −3,4; **d)** 0,045; −0,045;
e) $-2\frac{4}{5}$; $2\frac{4}{5}$; **f)** $-4{,}3\overline{5}$; $4{,}3\overline{5}$; **g)** 0; 0; **h)** $\frac{13}{14}; -\frac{13}{14}$

ÜBUNG 8 **S. 70**

x	4	**−4**	0,35	**0,27**	$\mathbf{\frac{2}{5}}$	$-2\frac{2}{7}$
−x	**−4**	4	**−0,35**	**−0,27**	$\mathbf{-\frac{2}{5}}$	$\mathbf{2\frac{2}{7}}$
|x|	**4**	**4**	**0,35**	0,27	$\frac{2}{5}$	$\mathbf{2\frac{2}{7}}$

x	**15,9**	$\mathbf{21\frac{3}{12}}$	$\mathbf{\frac{2}{11}}$	**−0,79**	$\frac{7}{1000}$
−x	−15,9	$\mathbf{-21\frac{3}{12}}$	$-\frac{2}{11}$	0,79	$\mathbf{\frac{-7}{1000}}$
|x|	**15,9**	$21\frac{3}{12}$	$\mathbf{\frac{2}{11}}$	**0,79**	$\mathbf{\frac{7}{1000}}$

ÜBUNG 9 **S. 70**

a) −2,1; −2,2; −2,3; **b)** $-\frac{31}{36}$; $-\frac{30}{36}$; $-\frac{29}{36}$; **c)** 110,1; 110,2; 110,3; **d)** 0,33301; 0,33302; 0,33303; **e)** −0,009; −0,008; 0,007; **f)** −0,049; −0,048; −0,047

ÜBUNG 10 **S. 70**

$-\frac{y}{x}$; $-\frac{x}{y}$; $\frac{x}{y}$; $\frac{y}{x}$

ÜBUNG 11 **S. 73**

a) −16; **b)** −567; **c)** 21,1; **d)** $\frac{19}{55}$; **e)** $-3\frac{3}{7}$; **f)** 5; **g)** $-1\frac{1}{6}$; **h)** $48\frac{7}{8}$; **i)** 21,6; **j)** $-15\frac{1}{14}$; **k)** 8; **l)** 0

ÜBUNG 12 **S. 73**

a) 482,55; **b)** 13,85; **c)** $-\frac{57}{4} = -14\frac{1}{4}$; **d)** $-\frac{19}{30}$; **e)** −16,1

ÜBUNG 13 **S. 73**

a) −8,5; **b)** 1,6; **c)** $-1\frac{2}{3}$; **d)** $16\frac{1}{3}$; **e)** $\frac{1}{50}$; **f)** $1\frac{2}{5}$; **g)** 1,64; **h)** −2,4; **i)** $-\frac{2}{5}$; **j)** $179\frac{1}{5}$; **k)** −21,78

ÜBUNG 14 **S. 73**

a) −30,77; **b)** 900; **c)** $-\frac{15}{19}$; **d)** $-\frac{29}{30}$; **e)** −20; **f)** $21\frac{1}{8}$; **g)** $120\frac{5}{26}$; **h)** $-9\frac{13}{27}$; **i)** 2

ÜBUNG 15 **S. 74**

x	+3	−5	−28	$+\frac{11}{8}$	$-\frac{4}{5}$
y	−11	+21	−9	$-\frac{16}{23}$	$-\frac{15}{8}$
x · y	−33	−105	+252	$-\frac{22}{23}$	$+\frac{3}{2}$
(−x) · y	+33	+105	−252	$+\frac{22}{23}$	$-\frac{3}{2}$
x · (−y)	+33	+105	−252	$+\frac{22}{23}$	$-\frac{3}{2}$
(−x) · (−y)	−33	−105	+252	$-\frac{22}{23}$	$+\frac{3}{2}$
−(x · y)	+33	+105	−252	$+\frac{22}{23}$	$-\frac{3}{2}$

x	$-\frac{22}{3}$	−60	−5,3	+2,7
y	$+\frac{23}{44}$	$-\frac{9}{5}$	+0,8	+62
x · y	$-\frac{23}{6}$	+108	−4,24	+167,4
(−x) · y	$+\frac{23}{6}$	−108	+4,24	−167,4
x · (−y)	$+\frac{23}{6}$	−108	+4,24	−167,4
(−x) · (−y)	$-\frac{23}{6}$	+108	−4,24	+167,4
−(x · y)	$+\frac{23}{6}$	−108	+4,24	−167,4

ÜBUNG 16 **S. 74**

a) −30; **b)** $-\frac{17}{40}$; **c)** 9,45; **d)** $-5\frac{8}{15}$; **e)** $-1\frac{1}{6}$; **f)** 1

ÜBUNG 17 **S. 74**

a) $\frac{2}{3} \cdot (-9 - 12) = -14$; **b)** $\frac{2}{5} \cdot \left(\frac{4}{3} - \frac{5}{6} - 1\right) = -\frac{1}{5}$; **c)** $-\frac{7}{3} \cdot \left(\frac{2}{5} - \frac{1}{2}\right) = \frac{7}{30}$; **d)** $(-1{,}3) \cdot (4{,}8 + 1{,}2) = -7{,}8$; **e)** $-1\frac{1}{2} \cdot \left(-\frac{2}{3} - \frac{4}{3}\right) = 3$

ÜBUNG 18 **S. 75**

a) $\frac{8}{5}$; **b)** −0,008; **c)** $-\frac{8}{125}$; **d)** $-\frac{125}{11}$; **e)** $-\frac{81}{10\,000}$; **f)** $\frac{56}{27}$; **g)** −1440; **h)** $-\frac{16}{25}$; **i)** $-\frac{1152}{3125}$

ÜBUNG 19 **S. 75**

a) $-\frac{64}{225}$; **b)** 4; **c)** 0,3375; **d)** −7,514

ÜBUNG 20 **S. 75**

a) −2; **b)** −0,75; **c)** 5,7

ÜBUNG 21 **S. 75**

a) $x = -0{,}5$; **b)** $x = \frac{8}{9}$; **c)** $x = \frac{1}{12}$; **d)** $x = -26\frac{3}{5}$

ÜBUNG 22 **S. 76**

a) 153,40 €; **b)** 256,75 €; **c)** 697,06 €

ÜBUNG 23 **S. 76**

a) $x = 3{,}68$; **b)** $x = 34\frac{5}{6}$; **c)** $2\frac{1}{15}$; **d)** $-\frac{3}{5}$

Thementests

AUFGABE 1 **S. 77**

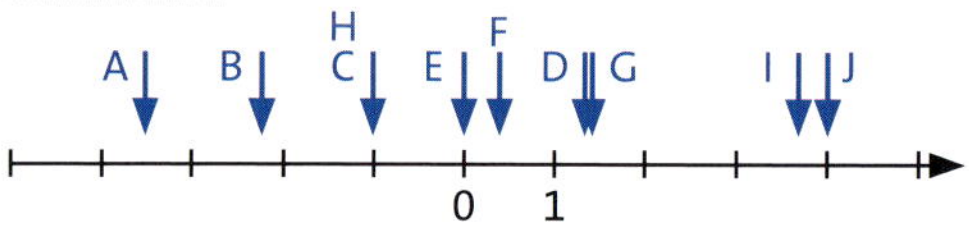

AUFGABE 2 **S. 77**

a) $-3\frac{4}{7}; -2\frac{5}{7}; -1\frac{6}{7}; -1; -\frac{1}{7}; +\frac{5}{7}; +1\frac{4}{7}; +2\frac{3}{7}; +3\frac{2}{7}$
b) +0,21; +0,16; +0,11; +0,06; +0,01; −0,04; −0,09; −0,14; −0,19

AUFGABE 3 **S. 77**

a) 9,8; **b)** $8\frac{4}{7}$; **c)** $19\frac{7}{9}$; **d)** $\frac{6}{13}$; die Zahlen haben jeweils den gleichen Betrag.

AUFGABE 4 **S. 77**

a) $-2\frac{7}{60}$; **b)** −5,9; **c)** $\frac{1}{8}$; **d)** −0,4; **e)** $-2\frac{101}{120}$

AUFGABE 5 **S. 77**

a) 85,5; **b)** $-\frac{1}{2}$

AUFGABE 6 **S. 77**

a) $x = 1{,}6$; **b)** $x = 0{,}05$

AUFGABE 7 **S. 77**

Volumen mit den Außenmaßen berechnet: $V_a = 517\,650\text{ cm}^3$; Volumen mit den Innenmaßen berechnet: $V_i = 324\,000\text{ cm}^3$; das Volumen der Wände ergibt sich als Differenz zwischen „Innen" und „Außen": $\Delta V = 193\,650\text{ cm}^3$

AUFGABE 8 **S. 78**

a) $-\frac{1}{3} = -0{,}\overline{3} < -0{,}33 < -0{,}3 < 0 < +0{,}3 < +0{,}333 < +\frac{1}{3} = 0{,}\overline{3}$
b) $-\frac{12}{9} = -1{,}\overline{3} < -1{,}33 < -\frac{1}{4} = -\frac{4}{16} < +0{,}25 = +\frac{3}{12} = +\frac{1}{4} < +0{,}\overline{25} < +1{,}3 < +1{,}\overline{3} = +\frac{4}{3}$

AUFGABE 9 **S. 78**

a) 31,5; **b)** $-1\frac{3}{5}$; **c)** 58; **d)** $-\frac{8}{13}$; **e)** $2\frac{34}{63}$; **f)** $1\frac{4}{5}$

AUFGABE 10 **S. 78**

5 Möglichkeiten: 1) + + + + → + ; 2) + + + − → − ; 3) + + − − → + ; 4) + − − − → − ; 5) − − − − → +

AUFGABE 11 **S. 78**

a) −45; **b)** 17

AUFGABE 12 **S. 78**

a)

−1,2	2,6	−0,7	0,5
−0,1	−0,1	1	0,4
1,8	−0,3	0,2	−0,5
0,7	−1	0,7	0,8

b)

$2\frac{1}{2}$	$-1\frac{1}{4}$	$-\frac{1}{4}$	-1
$-\frac{1}{4}$	$-\frac{1}{2}$	$-\frac{1}{2}$	$1\frac{1}{4}$
$-3\frac{1}{2}$	$2\frac{1}{4}$	$-\frac{1}{4}$	$1\frac{1}{2}$
$1\frac{1}{4}$	$-\frac{1}{2}$	1	$-1\frac{3}{4}$

AUFGABE 13 **S. 78**

a) $x = 8{,}83$; **b)** $x = 4{,}78$; **c)** $x = 0{,}7$; **d)** $x = 0{,}25$

LÖSUNGEN

Abschlusstest

AUFGABE 1 **S. 79**

Deine Lösung könnte so aussehen:

a) $\frac{9}{16}$; $\frac{10}{16}$; $\frac{11}{16}$; **b)** $\frac{29}{36}$; $\frac{30}{36}$; $\frac{31}{36}$; **c)** $-\frac{224}{63}$; $-\frac{223}{63}$; $\frac{-222}{63}$
d) $-\frac{31}{48}$; $-\frac{30}{48}$; $-\frac{29}{48}$; **e)** $\frac{31}{8}$; $\frac{32}{8}$; $\frac{33}{8}$;
f) $-2\frac{15}{24}$; $-2\frac{14}{24}$; $-2\frac{16}{24}$

AUFGABE 2 **S. 79**

$-\frac{1}{3} = -0{,}\overline{3} < -0{,}33 < -0{,}3 < 0 < +0{,}3 < +0{,}333 < +0{,}\overline{3} = +\frac{1}{3}$

AUFGABE 3 **S. 79**

a) >; **b)** >; **c)** =; **d)** =; **e)** >; **f)** <; **g)** =; **h)** >

AUFGABE 4 **S. 79**

a) $\frac{11}{9}$; **b)** $8\frac{11}{20}$; **c)** $\frac{1}{24}$; **d)** $\frac{11}{60}$; **e)** 1,5; **f)** −4,8;
g) $0{,}005 = \frac{5}{1000}$; **h)** 17,9

AUFGABE 5 **S. 79**

a) 0; **b)** −22,5; **c)** $+7{,}14 = +7\frac{7}{50}$; **d)** −85,8; **e)** 0,191; **f)** +5,0625; **g)** +32; **h)** $-\frac{1}{250}$

AUFGABE 6 **S. 80**

a) $-1\frac{4}{5}$; **b)** 1,75; **c)** $9\frac{1}{32}$; **d)** −7; **e)** $-\frac{10}{9}$; **f)** 11,8

AUFGABE 7 **S. 80**

$1\frac{16}{21}$	$\frac{1}{3}$	$\frac{19}{21}$
$\frac{1}{7}$	1	$1\frac{6}{7}$
$1\frac{2}{21}$	$1\frac{2}{3}$	$\frac{5}{21}$

AUFGABE 8 **S. 80**

a) $+1\frac{3}{5}$; **b)** −1; **c)** $+6\frac{2}{3}$

AUFGABE 9 **S. 80**

Jonas ist 24 Jahre und sein Bruder 15 Jahre alt.

AUFGABE 10 **S. 80**

Maria hatte 9 €, Leonie 4,50 € bei sich.

Stichwortfinder